W0269456

# WUPPERTAL TEXTE

Peter Hennicke

# Wa(h)re Energiedienstleistung

## Ein Wettbewerbskonzept für die Energieeffizienz- und Solarenergiewirtschaft

Springer Basel AG

Die Deutsche Bibliothek — CIP-Einheitsaufnahme

**Hennicke, Peter:**
Wa(h)re Energiedienstleistung : ein Wettbewerbskonzept für die Energieeffizienz-
und Solarenergiewirtschaft / Peter Hennicke.
Berlin ; Basel ; Boston : Birkhäuser, 1999
   (Wuppertal Texte)



© Springer Basel AG 1999
Ursprünglich erschienen bei Wuppertal Institut, Döppersberg 19, D-42004 Wuppertal 1999

Satz und Gestaltung: Dorothea Frinker, Wuppertal Institut
Umschlaggestaltung: Matlik & Schelenz, Essenheim
Gedruckt auf säurefreiem Papier, hergestellt aus chlorfrei gebleichtem Zellstoff. ∞
ISBN 978-3-7643-6155-6          ISBN 978-3-0348-6365-0 (eBook)
DOI 10.1007/978-3-0348-6365-0

9 8 7 6 5 4 3 2 1

# Inhalt

# Vorwort

Der Ruf nach „Mehr Wettbewerb" und „Deregulierung"[1] erfreut sich heute allgemeiner Anerkennung. Hat nicht „Mehr Wettbewerb" die Preise beim Telefonieren in einen scheinbar unaufhaltsamen Fall nach unten versetzt? Ist dies nicht Beleg genug dafür, daß nach der Aufhebung des Gebietsmonopols und nach der Einführung eines „liberalisierten" Energiemarkts in Deutschland seit März 1998 bei den Strompreisen der gleiche Effekt eintreten wird? Ist Preissenkung als Ziel nicht unter allen Umständen vernünftig?

Wer für mehr Preiswettbewerb eintritt hat offensichtlich den Zeitgeist und die Mehrheiten auf Veranstaltungen hinter sich. Wer dagegen Fragen nach dem Ziel, den realen Wirkungen und dem konkreten Ordnungsrahmen für Wettbewerb aufwirft, droht im Getöse einfacher Bekenntnisse für den Markt unterzugehen. Zum Ketzer gerät, wer einen unregulierten Preiswettbewerb als Mittel zur Erreichung gesellschaftlicher Ziele wie „Zukunftsfähigkeit" und „Risikominimierung" in Frage stellt. Ist die über den direkten Wettbewerb erzwungene Kosten- und Preissenkung nicht ein schlagendes Argument für die generelle Überlegenheit „freier Märkte" gegenüber jeder Form staatlicher Regulierung?

Nachdenklich sollte allein schon stimmen, wie rasch der Zeitgeist eines halben Jahrhunderts auf die derzeitige Wettbewerbseuphorie und Preissenkungshysterie eingeschwenkt ist. Auch die bisherigen Großmonopolisten – die Stromverbundunternehmen – sind nun Verfechter und teilweise sogar die Vorreiter des Wettbewerbs, nachdem sie Jahrzente dagegen gekämpft haben. Dabei galten noch vor wenigen Jahren die Gebietsmonopole in der Stromwirtschaft als unverzichtbar für die „Versorgungssicherheit". Seit der Verabschiedung des Energiewirtschaftsgesetzes im Jahr 1935 hatte die

Elektrizitätswirtschaft nie widersprochen, daß sie über 60 Jahre lang ihre Geschäfte auf einer Rechtsgrundlage betrieben hat, in deren Präambel von den „volkswirtschaftlich schädlichen Auswirkungen des Wettbewerbs" die Rede ist. Für das Zustandekommen und die Zählebigkeit dieses Gesetzes waren die großen Stromverbundunternehmen die entscheidenden Protagonisten. Erklärtermaßen diente das Gesetz und seine Antiwettbewerbsposition historisch dem Aufbau einer Großraumverbundwirtschaft, der „Flurbereinigung" der kommunalen Energiewirtschaft und der Zurückdrängung der industriellen Eigenversorgung. Hinsichtlich der Stromerzeugung wurde dieses Ziel auch nach 1945 so erfolgreich weiter verfolgt, daß heute rd. 90 Prozent der Stromerzeugungskapazitäten und die wesentlichen Primärenergiequellen[2] sowie Großkraftwerkstechnologien von acht Großunternehmen als Eigentümer oder indirekt über Tochtergesellschaften kontrolliert werden. Aus der Sicht dieser marktbeherrschenden Unternehmen wurde das Energierecht (EnWG und GWG) zum kontraproduktiven rechtlichen „Schutzzaun" für die ungeliebte kommunale und industrielle Konkurrenz. Der „freie" Wettbewerb bis zum letzten Kunden ist für die inzwischen multinational agierenden Unternehmen heute ein viel effektiveres und gesellschaftlich hoffähigeres Mittel, um die „Flurbereinigung" und Verdrängungskonkurrenz auf nationaler und auch auf europäischer Ebene voranzutreiben. In der Konsequenz dieses energiewirtschaftlichen europäischen Monopolys geht es dabei nur noch um die Frage, „welche Großen wieviele Kleine" übernehmen und ob der Größte – das noch bestehende französische Monopolunternehmen EdF – sich weitere europäische Filetstücke (wie z.B. die EnBW) einverleiben kann. Unregulierter Wettbewerb auf dem Strommarkt ist keine idyllische Veranstaltung, sondern ein „Fressen oder Gefressen werden". Ob dies immer beabsichtigt war, wenn von Liberalisierung und Deregulierung die Rede war, darf bezweifelt werden.

Löst der „freie" Strommarkt dennoch heute und zukünftig alle unsere Probleme? Weniger Kosten, mehr Wettbewerbsfähigkeit, Sicherung des „Standorts Deutschland" und gleichzeitig besserer Ressourcen- und Klimaschutz in ganz Europa auf dem Weg zu zukunftsfähigen Energiesystemen? Mitnichten. Die folgenden Ausführungen zur Neuordnung der Elektrizitätswirtschaft sind eine Streitschrift wider die unzulässigen Vereinfachungen („Der Markt wird's schon richten") und wider die irreführenden Analogien („Energie- gleich Telefonmarkt").

„Billiges Telefonieren macht Bürger zu Plaudertaschen", textet die Frankfurter Rundschau (9. Juli 1999) über den sprunghaften Zuwachs des „Verkehrsvolumens" im Festtelefonnetz und beim Mobilfunk. Welche Steigerung der Lebensqualität mit der ständigen Erreichbarkeit und billigeren Telefonkommunikation zwischen Menschen verbunden ist, wird die Lehrstuhlinhaber für Telekommunikations-Wissenschaften und Sozialpsychologen beschäftigen. Was aber geschieht mit unserer Lebensqualität und der unserer Kinder und Enkel, wenn der erwünschte Kosten- und Preissenkungseffekt auf dem Stromsektor den Mehrverbrauch in die Höhe treibt, statt ihn zugunsten des Klima- und Ressourcenschutzes drastisch zu reduzieren? Wenn der direkte Preiswettbewerb im Stromsektor die Abwälzung riesiger Folgeschäden („externe Kosten") auf Dritte und spätere Generationen weiter begünstigt sowie die Hemmnisse für die Energieeffizienzsteigerung und Markteinführung erneuerbarer Energie auf breiter Front nicht abbaut, sind zumindest Fragen nach besseren Alternativen oder korrigierenden Interventionen angebracht.

Diese Fragen werden im folgenden erstens dazu führen, zunächst die Ziele näher zu bestimmen, wohin der Wettbewerb steuern soll. Denn weder Wettbewerb noch Regulierung sind Selbstzweck, sondern nur Mittel zum Zweck. Irritierend an der Diskussion über Deregulierung und Liberalisierung ist, daß über die Mittel zur Preissenkung mit großer Leidenschaft gestritten wird. Aber die wesentlichere Frage, ob das „Entdeckungsverfahren" des Markts und des Preiswettbewerbs in Richtung Klimaschutz und Zukunftsfähigkeit führt, bleibt meistens unbeantwortet. Eine Szenarienanalyse belegt, daß die anstehende fundamentale Richtungsänderung in der Energiepolitik hin zu einer Energieeffizienz- und Solarenergiewirtschaft innovativere Regeln und Steuerungsmechanismen für den Wettbewerb erfordert. Die Umwelt- und Ressourcenprobleme von morgen können nicht mit den Mitteln eines Preiswettbewerbs von gestern gelöst werden.

Daher wird zweitens nachfolgend eine tragfähigere Wettbewerbskonzeption im Detail entwickelt. Populär formuliert wird auf der Grundlage einer neoklassischen mikroökonomischen Begründung gezeigt, daß nicht billige und riskante Kilowattstunden Sinn und Zweck von „Mehr Wettbewerb" sein können, sondern daß der (Substitutions-) Wettbewerb um „volkswirtschaftlich preiswürdige Energiedienstleistungen" funktionsfähiger gemacht werden muß.

Drittens wird die These, der „Wettbewerb ist eine geplante Veranstaltung" (Kurt Biedenkopf) am Paradebeispiel des deutschen Strommarkts beleuchtet. Denn hier hat der unregulierte Preiswettbewerb in Verbindung mit marktbeherrschenden Strukturen des Großkraftwerks- und Verbundsystems nicht den erwarteten breiten Marktzutritt für ökologisch orientierte Newcomer gebracht, sondern – von den stark überschätzten Nischenmärkten für „grünen Strom" und wenigen „unabhängigen Produzenten" abgesehen – vor allem eine Fusions-, Konzentrations und Globalisierungswelle eingeleitet.

Viertens wird gezeigt, daß die Illusion dauerhafter Strompreissenkung für jedermann durch die langfristigen Stromsystemkosten (Stromerzeugung, -transport, -verteilung, -vertrieb und Reservehaltung) bald auf den Boden der Tatsachen gebracht werden wird. Je schneller durch die rasch wachsende Vielfalt der Stromhändler, Broker und Börsenmakler dieses „race to the bottom" abgekürzt und Strompreistransparenz hergestellt wird, desto eher werden auch schlichtes Verramschen von Strom und Dumpingpreisangebote an ihre Grenzen stoßen. Wenn jeder Supermarkt letztlich Billigstrom anbieten kann und mit Stromverkauf allein nur noch geringe Margen (wenn auch absolut u.U. noch Extraprofite) verdient werden können, werden sich die Fragen nach Qualitätswettbewerb, Energieveredelung, neuen Geschäftsfeldern und nach „Markenpositionierung" von Energiedienstleistungsunternehmen(EDU) neu stellen.

Fünftens wird begründet, daß auch ein funktionsfähiger Markt für Energiedienstleistungen sich innerhalb ökologischer Leitplanken und neuer staatlicher Rahmenbedingungen abspielen muß, wenn gesellschaftliche Ziele wie Klima- und Ressourcenschutz sowie eine zukunftsfähige Entwicklung erreicht werden sollen. Dadurch wird deutlich werden, daß die Selbstregulierung und Effizienzsteigerung durch mehr (Substitutions-) Wettbewerb in einen energiepolitischen

Instrumentenmix eingebunden werden muß, damit dem Primat der Politik (den gesellschaftlichen Zielen) gegenüber der Ökonomie (den Sparten- und Unternehmensinteressen) auch Geltung verschafft und gesellschaftliche Kompromisse erreicht werden können.

Zur Weiterentwicklung und kritischen Diskussion der Thesen dieses Buches haben viele KollegInnen im und außerhalb des Wuppertal Instituts beigetragen. Fritz Hinterberger, Manfred Fischedick, Eberhard Jochem, Uwe Leprich, Dorle Riechert, Gerhard Scherhorn, Dieter Seifried, Stefan Thomas und Ernst von Weizsäcker haben mir durch kritische Hinweise, Anregungen und Ermutigung sehr geholfen. Mein besonderer Dank gebührt meinen Doktoranden Stefan Ramesohl und Wolfgang Irrek, die Vorentwürfe schonungslos kritisiert und damit wesentlich zur Präzisierung des Textes beigetragen haben. Für das Endprodukt und die häufig zugespitzten Formulierungen dieser Streitschrift übernehme ich allein die Veranwortung.

Andrea Esken, Dorothea Frinker, Wolfram Huncke, Hans Kretschmer und Angela Nowak sowie Eva Tauber vom Birkhäuser-Verlag danke ich für die Redigierung und Produktion des Buches.

Für den Leser ist vielleicht der folgende Lesehinweis zur Einordnung des Buches nützlich: Dies ist der Text eines Ökonomen und Lehrstuhlinhabers für „Energiewirtschaft", den eine „Haßliebe" mit seiner Fachdisziplin verbindet und der sich deshalb auch seit Jahren mit interdisziplinärer ökologischer Forschung und wissenschaftlicher Politikberatung beschäftigt. Daher ist dies in erster Linie ein Sachbuch für alle, die sich als interessierte Laien und Fachleute mit Energiepolitik und deren ökologieorientierter Umsetzung beschäftigen. Weil die etablierte Energiepolitik sich jedoch häufig nur auf Wirtschaftspolitik beschränkt und ihre Rationalität und Ziele vorwiegend ökonomisch begründet werden, ist dies auch ein Buch für Fachökonomen und ein Plädoyer für eine kritische Selbstreflexion über die Grenzen der ökonomischen Theorie. Insofern kann der interessierte Laie den mehr fachspezifischen wirtschaftstheoretischen Exkurs (Kapitel III) und der Fachökonom die mehr szenarien- und umsetzungsorientierte Kapitel I und IV überfliegen, ohne daß ihnen der Zusammenhang verloren geht.

Der Leser sollte sich darüber hinaus mit den vier Ebenen vertraut machen, auf denen diese Streitschrift argumentiert: Im Kern steht erstens eine immanent wirtschaftstheoretische Argumentation (Kapitel III); das vorherrschende Deregulierungs- und Wettbewerbsmodell eines Partialmarkts für Endenergie (Strom, Erdgas) wird als zu eng kritisiert und mit dem erweiterten Markt- und Wettbewerbsmodell für Energiedienstleistungen konfrontiert. Insofern ist diese Streitschrift auch kein Plädoyer gegen Wettbewerb, sondern im Gegenteil für mehr funktionsfähigen (Substitutions-) Wettbewerb auf den interdependenten Märkten für Endenergie und Effizienztechnologien. Zweitens wird gezeigt, daß in der Realität die notwendigen Voraussetzungen eines fairen Preiswettbewerbs im Gegensatz zu den hochkonzentrierten und marktbeherrschenden Angebotsstrukturen stehen (Kapitel II). Im Ergebnis führt daher die sogenannte Liberalisierung und Deregulierung ohne regulierende staatliche Rahmenbedingungen zu einem beispiellosen europaweiten Konzentrations- und Zentralisationsprozeß sowie zur Entkommunalisierung. Drittens wird dargestellt, daß Wettbewerb generell nur ein Mittel der Effizienzsteigerung sein kann, aber nicht die gesellschaftlichen Ziele für die Energiepolitik setzen darf. Für die zielgerichtete Nutzung des Wettbewerbs muß zunächst eine Verständigung über die Ziele erfolgen (Kapitel I). Zur Durchsetzung weitreichender Ziele wie „Zukunftsfähigkeit" und „Klimaschutz" sind daher staatliche Leitplanken, ein Instrumentenmix und Spielregeln notwendig, die weit über die Internalisierung der sogenannten „externen" Kosten (z.B. im Rahmen einer Öko-Steuer) hinausgehen (Kapitel II). Viertens wird dadurch deutlich, daß das Primat der Politik auch für das erweiterte Konzept des Substitutionswettbewerbs um kostenminimale Energiedienstleistungen gilt. Dennoch können hiermit gesellschaftliche Ziele effizienter mit einzelwirtschaftlichen Optimierungs- und Entscheidungskalkülen in Einklang gebracht werden. Bei entsprechenden Rahmenbedingungen könnte somit die Selbststeuerungsfähigkeit des Energiesystems steigen und gleichzeitig die individuellen und gesellschaftlichen Bedürfnisse von Energieanbietern und -verbrauchern besser harmonisiert werden (Kapitel IV und V).

# I. Das Ziel:
# Ein zukunftsfähiges Energiesystem

Wohin soll uns der Wettbewerb in der Energiewirtschaft führen? Offensichtlich nicht nur zur Effizienzsteigerung sowie zur Kosten- und Preissenkung wie die Deregulierungsdiskussion suggeriert. Denn die ökologischen sowie ressourcen- und gesellschaftspolitischen Besonderheiten der „Ware Energie" (insbesondere von Strom) verbieten es, Energie als Ware wie jede andere und Energiemärkte wie Wassermelonenmärkte zu behandeln (siehe weiter unten). Was sind die zukünftigen gesellschaftlichen Ziele und Bedürfnisse zu deren Befriedigung Energie beitragen soll? Es erstaunt immer wieder, wie wenig diese doch eigentlich zentrale Frage in der aktuellen Wettbewerbsdiskussion eine Rolle spielt. Eine Antwort auf diese Frage verlangt, die kurzfristig orientierte Wettbewerbsanalyse mit der langfristigen Zieldiskussion zu verbinden, die gehaltvoll und quantitativ nur in Form einer komplexen Szenarienanalyse möglich ist.

Neben dieser notwendigen Erweiterung des Analyserahmens wird hinsichtlich der Umsetzung von folgender Grundthese ausgegangen: Ohne einen gesellschaftlichen Konsens über die langfristigen Ziele, die Rahmenbedingungen und konkreten Umsetzungsschritte ist ein zukunftsfähiges Energiesystem nicht realisierbar. Märkte und Wettbewerb können eine effiziente Ressourcenallokation befördern, aber sie sind perspektivisch blind. Den „Markt" die Richtung vorgeben zu lassen hieße, sich vom Primat der Politik über die Ökonomie zu verabschieden. Die Gestaltungsaufgaben im Energiesystem werden dann andere, z.B. die großen multinational agierenden Energiekonzerne in ihrem Interesse übernehmen. Mehr Share-Holder Value, mehr Markt, mehr Wettbewerb und Deregulierung ersetzen keine Energiepolitik. Blinde Markgläubigkeit ist ein schlechter Ratgeber für die Entwicklung eines zukunftsfähigen Energiesystems.Dies wäre in Deutschland besonders tragisch, weil ein beispielgebender Bruch mit weltweiten Katastrophentrends (z.B. hinsichtlich der $CO_2$-Emissionen) und die anstehende nationale Weichenstellung hin zu einer Energieeffizienz- und Solarenergie-wirtschaft durch eine vorsorgende Energie- und Klimaschutzpolitik jetzt möglich ist. Nach dem Regierungswechsel im Herbst 1998 ist ein Vorrang öffentlicher Ziele (wie z.B. eine forcierte Effizienzsteige-rung) vor betriebswirtschaftlichen Energieangebots-und Sparten-interessen wieder eher konsensfähig.

## 1. Globale Herausforderungen – lokaler Handlungsbedarf

*1.1. „Strom kommt aus der Steckdose": Die Ambivalenz der Ware Energie*
Nichts charakterisiert einen fahrlässigen Umgang mit Energie so treffend wie der alte Werbeslogan „Strom kommt sowieso ins Haus, nutz es aus". Nach diesem Muster funktionierte die sogenannte Energie-„versorgung" jahrzehntelang scheinbar problemlos: Die einen ließen sich versorgen und die anderen verdienten gut daran – so entwickelte sich eine bequeme Arbeitsteilung und die Legende vom Energieverbrauch ohne Reue. Aber das Waldsterben, die Kata-strophe von Tschernobyl, drohende Klimaänderungen und Kriege um Öl zeigen unmißverständlich: Energieverkauf ist zwar noch eine lukrative Privatsache für die Anbieter, aber die Gesellschaft zahlt oft genug die Zeche.

„Versorgungssicherheit" und „Preiswürdigkeit" bildeten bis in die 80er Jahre die beherrschenden Schlüsselbegriffe der Energiepolitik. Energie, so suggerieren diese Leitziele, ist eine Ware wie jede andere, mit nur einer Besonderheit: Sie muß ständig „verfügbar" sein. Stän-dig „verfügbar" für die Energieverbraucher beinhaltet im Umkehr-schluß „Versorgungspflicht" für die Anbieter – eine gern übernom-mene „Pflicht"; denn diese „Besonderheit" diente historisch zur Durchsetzung außergewöhnlicher Privilegien beim Leitungs- und Kraftwerksbau und bei der Absicherung geschützter Absatzgebiete. Dennoch muß eingeräumt werden: Auf dieser energiepolitischen

14

Grundlage hat ein beispielloses Wirtschaftswachstum stattgefunden. Kohle, Elektrizität, Öl und später das Erdgas haben einen Komfort ermöglicht, von dem unsere Großeltern nur träumen konnten. Die damit verbundenen Alpträume blieben den Großeltern noch weitgehend erspart, den Enkeln aber drohen zukünftig globale Klima- oder Atomkatastrophen, die die natürlichen Lebensgrundlagen in Frage stellen könnten. Denn das herrschende mit den Naturkreisläufen unverträgliche Credo lautet noch immer: Mehr Wohlstand – mehr Wirtschaftswachstum – mehr Energieverbrauch! Wachsender Wohlstand mit weniger Energieverbrauch wird von der etablierten Energiewirtschaft zumeist noch für undenkbar, zumindest aber für nicht wünschenswert gehalten.

Die Ölpreiskrisen der 70er Jahre erschienen vielen Zeitgenossen als ein Problem der Verknappung von Öl. Die „Scheichs wollen uns den Ölhahn abdrehen", so klang es an den Stammtischen. Der Ton bei Politikern und Energiemanagern war vornehmer, dafür bei einigen, vor allem in den USA, umso drohender: Die „Verfügbarkeit" über die lebenswichtigen Ölressourcen müsse gesichert werden, notfalls mit militärischen Mitteln. Der harmlos klingende Begriff „Versorgungssicherheit" erhielt plötzlich einen säbelrasselnden Klang. Was während der Ölpreiskrisen noch Drohung blieb, wurde wenige Jahre später blutiger Ernst: Der „Desert Storm" gegen Saddam Husseins Aggression war auch ein „Krieg um Öl". Aus der Sicht Europas zwar bisher nur ein Stellvertreter-Krieg: Aber die ölhungrigsten Industriestaaten der Welt, von Japan bis zur Bundesrepublik, haben ihn mitfinanziert, damit das Schmiermittel ihres Wohlstands, das Öl, nicht versiegt.

Aber seit den Ölpreis- und Nahostkrisen hat sich das Unbehagen über das „weiter so" verstärkt: Nicht generell zu wenig, sondern zu viel Energie in den Industrieländern und der Mangel an Energie in den Entwicklungsländern ist das Problem. Immer unabweisbarer kommt das wirkliche Thema auf die Agenda internationaler Konferenzen: Der energieintensive Industrialisierungstyp des reichen Westens ist ein Auslaufmodell. Würde es die arme Bevölkerungsmehrheit in der Welt wie bisher versuchen weiter nachzuahmen, würden im nächsten Jahrhundert die Ressourcen, Senken und Atmosphären von fünf blauen Planeten gebraucht.

Hinzu kommt die wachsende Erkenntnis, daß der überindustrialisierte Wohlstand trügerisch ist. Er beruht auf einer Raubwirtschaft, für die jeder Banker gefeuert würde. Statt von den Zinsen zu leben, verzehrt vor allem die reiche Welt das Naturkapital. Statt die erschöpfbaren Energiequellen maximal für künftige Generationen zu strecken, werden sie im welthistorischen Schweinsgallopp verpraßt.

Weil die einen, die reichen Industrieländer, heute zu viel verbrauchen, wird für alle späteren Generationen, vor allem aber für arme Entwicklungsländer, zu wenig übrig bleiben. Nur Zynikern oder technologischen Optimisten erscheint dies nicht als Problem: Noch reicht das Öl für vielleicht 50 Jahre. Ist das nicht beruhigend? Hat die Energiewirtschaft nicht bewiesen, daß sie eine technologische Antwort auf die befürchtete Verknappung der Ressourcen geben kann?

Heute wissen wir, daß die technologische Antwort, so wie sie gegeben wird, nicht ausreichend ist. Denn der scheinbare Überfluß hebt die Endlichkeit der Ressourcen nicht auf und trifft zunehmend auf eine Naturschranke: Die Welt darf im nächsten Jahrhundert nicht mehr verbrennen, was sie an fossilen Energien entdeckt hat. Wenn das Erdklima stabil bleiben soll und die ohnehin nicht mehr aufzuhaltenden Klimaveränderungen in Grenzen gehalten werden sollen, darf nur noch etwa ein Drittel der heute bekannten Ressourcen an fossilen Energieträgern verbraucht werden. Nicht allein die Erde, sondern der Himmel ist die Grenze.

Zu einem zukünftigen Krisenszenario und den heutigen Katastrophentrends gibt es nur dann eine Alternative, wenn weltweit mehr Wohlstand mit erheblich weniger Energie erreicht werden kann. Gleichzeitig muß innerhalb von 50 Jahren weitgehend auf Solarenergie umgesteuert werden. Eine extrem schwierige, aber noch lösbare Jahrhundertaufgabe!

Energie ist also alles andere als eine gewöhnliche Ware. Wie bei keiner anderen Ware sind bei der Energie zukünftige Wohlfahrtssteigerung und globale Katastrophen eng miteinander verkoppelt. Ein verantwortlicher Umgang mit Energie setzt daher voraus, daß diese Ambivalenz bei der Erzeugung und bei der Nutzung jeder Kilowattstunde bewußt bleibt. Daß gerade dies in den großtechnischen

Energie-„versorgungs"-systemen und bei der Energiepolitik von heute nicht mehr der Fall ist, ist einer der Kernpunkte des Energieproblems.

Die Energiepolitik steht am Scheideweg: Gerade heute, wo eine vorsorgende Energie- und Industriepolitik mehr denn je gefragt ist, fordern radikale Marktvertreter den völligen Rückzug des Staates aus der energie- und umweltpolitischen Verantwortung. Märkte können aber ohne staatliche Rahmensetzung keine gesellschaftlichen Ziele wie Klima- und Ressourcenschutz ansteuern.[3] Wenn der Staat nicht die Ziele setzt, fehlen auch der Energiebranche klare Rahmenbedingungen und Planungssicherheit.

Was also sind die Ziele? Welche Eckpunkte muß ein „zukunftsfähiges" Energiesystem ansteuern? Hierzu kann ein kurzer Ausflug in die Szenarioanalyse[4] auf der Ebene der Welt, von Europa und der Bundesrepublik einige erste Anworten geben.

## 1.2 . Energieeffizienz als Brücke zur Zukunftsfähigkeit

Ein zukunftsfähiges („sustainable") und klimaverträgliches Weltenergiesystem ist ein Globalziel mit noch vielen unscharfen Konturen. In diesem Zusammenhang kommt es weder auf eine zusätzliche Definition von „Zukunftsfähigkeit" (Enquête-Kommisson 1993; BUND/Misereor 1997), noch auf operationalisierte quantitative Eckpunkte von Umsetzungsschritten an. Um ein neues wirtschaftliches Regel- und Steuerungskonzept zu begründen reicht es aus, von einer richtungssicheren Größenordnung der notwendigen Energie- bzw. Ökoeffizienzsteigerung auszugehen, ohne die qualitativen Fragen von Klimaschutz und Risikominimierung dabei zu vernachlässigen. Viele Fragen der inter- und intragenerationellen Gerechtigkeit sowie der Verbindung von technischer Effizienz und neuen Wohlstandsmodellen (Suffizienz) sind zum Beispiel noch ungelöst. Die Bewertung von Kernenergie- oder Klimarisiken ist teilweise umstritten. Übereinstimmung dürfte dennoch darin bestehen, daß die mit nuklearen und fossilen Energieträgern verbundenen potentiellen Megarisiken vorsorgend vermieden werden sollten, wenn und insoweit dies technisch und wirtschaftlich möglich ist. Trotz Zukunftsungewißheit und verbleibender Unsicherheiten lassen sich daher die zukünftigen Herausforderungen in zwei grundlegenden Statements zusammenfassen: Erstens ist die Fortschreibung heute vorherrschender Trends und einer Energiepolitik des „business-as-usual" in jedem Fall nicht zukunftsfähig; die mit einem ungebremst weiter steigenden Energieverbrauch verbundenen Risiken, z.B. geostrategische Konflikte um knappes Öl, nukleare Katastrophen und Klimaveränderungen, würden sich unweigerlich mittel- und langfristig verstärken. Ein Trend- und Paradigmenwechsel gegenüber der heutigen Energiepolitik ist daher ohnehin unabdingbar. Zweitens ist eine vorsorgende weltweite Klimaschutzpolitik nur eine notwendige Voraussetzung für Zukunftsfähigkeit („sustainable development"), in sozialer und ökonomischer Hinsicht aber noch nicht hinreichend. Die Wahrnehmung der industriepolitischen Chancen und die Überwindung der Hemmnisse gegenüber einer aktiven Klimaschutzpolitik bilden quasi die Teststrecke und erste Etappe, um dem weiterreichenden und langfristigen Ziel „Zukunftsfähigkeit" („sustainability") näher zu kommen.

Auf dem Hintergrund der globalen Nord-Süd-Problematik lassen sich hieraus die folgenden näherungsweisen Eckpunkte und Größenordnungen für eine Richtungsänderung der Weltenergiepolitik ableiten:

- Industrieländer müssen den nicht erneuerbaren Energieeinsatz langfristig absolut senken, d.h. pro Kopf mindestens halbieren; die $CO_2$-Emissionen müssen im nächsten Jahrhundert in den Industrieländern um bis zu 80 Prozent und weltweit um etwa 50 Prozent reduziert werden;
- Entwicklungsländer müssen den Zuwachs des Energieverbrauchs und der $CO_2$-Emissionen erheblich dämpfen; gleichzeitig muß der Lebensstandard in den Entwicklungsländern weit schneller als heute, aber erheblich weniger ressourcenintensiv als in der Industrialisierungsphase der Industrieländer wachsen.

Die technologische Umsetzung dieser Eckpunkte in Weltenergieszenarien zeigt: Ein Übergang zu mehr Zukunftsfähigkeit und Risikominimierung ist prinzipiell dann realisierbar, wenn – bei stagnierendem oder nur noch gering steigendem Primärenergieeinsatz – weltweit das Niveau an Energiedienstleistungen (EDL) erheblich wächst, nukleare und fossile Risikomärkte gleichzeitig strategisch schrumpfen und die Markteinführung der rationellen Energienutzung (REN), der Kraft-Wärme/Kälte-Koppelung (KW/KK) sowie der regenerativen Energien (REG) forciert wird. Ein rasch wachsendes Niveau an Energiedienstleistungen kann und muß dabei mit erheblich weniger nichterneuerbaren und weit mehr erneuerbaren Energien bereitgestellt werden. Mit anderen Worten: Die Energie- und Ressourcenproduktivität muß dramatisch gesteigert werden. Weltenergieszenarien zeigen, daß ein weltweiter Abbau von Risiken und ein zukunftsfähiges Energiesystem technisch möglich sind. Zahlreiche Indizien deuten darauf hin, daß diese Strategie auch wirtschaftlich realisierbar ist und prinzipiell mit einem „Policy-Mix" umgesetzt werden kann.

## 1. 3. *Die Szenarien des World Energy Council (WEC)*

Auf den Weltenergiekonferenzen in Tokyo (1995) und in Houston/USA (1998) beschäftigte sich der World Energy Council (WEC) erstmalig mit der Frage, ob eine risikominimierende Langfriststrategie bis 2050 bzw. 2100 möglich ist (WEC/IIASA, 1995/1998). Die Ergebnisse des sogenannten C1-Szenarios waren für den WEC, die weltweit größte Energieanbieter-Konferenz, sensationell: Im 21. Jahrhundert können anspruchsvolle Ziele einer Klimaschutzpolitik ($CO_2$-Reduktion um 50 Prozent) erreicht und gleichzeitig weltweit der Ausstieg aus der Atomenergie verwirklicht werden. Allerdings wird die notwendige $CO_2$-Reduktion um 50 Prozent erst gegen Ende des 21. Jahrhunderts erreicht. Weiterhin ist nicht plausibel, daß die Atomenergie – ausgerechnet in Entwicklungsländern – bis 2020 zunächst ausgebaut und bis 2100 wieder auf Null zurückgefahren werden soll. Dennoch hebt sich das C1-Szenario in Methodik und Konsistenz vorteilhaft von der Vielzahl typischer angebotsorientierter Welt-Energieszenarien ab, die ausnahmslos risikokumulierende Effekte aufweisen. Es trägt damit zu einer heute kaum noch zu bestreitenden Erkenntnis bei: Strategien, die die Welt-Energieprobleme nur durch ein steigendes fossiles bzw. nukleares Energieangebot und immer aufwendigere Diversifizierung des Angebotsmix – quasi aus der Verkäuferperspektive – zu lösen versuchen, sind mit den Zielen einer Klimastabilisierungs- und Risikominimierungspolitik prinzipiell nicht vereinbar.

*1. 4. Ein weltweites Faktor-4-Szenario*

Das in einigen Punkten (s.o.) noch unzulängliche WEC-C1-Szenario wurde am Wuppertal Institut zu einem weltweiten „Faktor-4"-Szenario (Hennicke/Lovins 1999) weiterentwickelt. Zentrale Fragestellung dabei war, unter welchen Voraussetzungen ein ausreichender Klimaschutz (weltweite $CO_2$-Reduktion um 50 Prozent) und ein Ausstieg aus der Atomenergie bis Mitte des nächsten Jahrhunderts, mit einem angemessen steigenden Lebensstandard für 9,5 Mrd. Menschen und traditionellem quantitativem Wirtschaftswachstum verbunden werden können. Um die Vergleichbarkeit mit dem WEC-C1-Szenario zu sichern, wurden dessen Basisannahmen (z.B. Bevölkerungs- und Wirtschaftswachstum) übernommen, aber weltweit eine forcierte Vorrangpolitik für die Markteinführung von REN, KW/KK und REG-Technologien im „Faktor-4"-Szenario simuliert. Die folgenden zusammenfassenden Ergebnisse zeigen, daß damit die Ziele Risikominimierung (weltweiter Ausstieg aus der Atomenergie) und ausreichender Klimaschutz (50 Prozent $CO_2$-Reduktion bis 2050) technisch möglich sind.

**Tab. 1.1**: Entwicklung des Primärenergieverbrauchs im Faktor-4-Szenario

**Primärenergieverbrauch**

| in Gtoe | 1995 | 2020 | 2050 |
|---|---|---|---|
| Kohle | 2,5 | 2,3 | 0,3 |
| Öl | 3,0 | 3,0 | 2,5 |
| Erdgas | 1,7 | 1,8 | 1,2 |
| Erneuerbare Energien | 1,8 | 2,6 | 6,3 |
| Kernenergie | 0,5 | 0,2 | 0,0 |
| Welt | 9,5 | 9,9 | 10,3 |

**$CO_2$-Emissionen**

| in Gt C | 1995 | 2020 | 2050 |
|---|---|---|---|
| $CO_2$ | 5,9 | 5,6 | 3,0 |

**Abb. 1.1**: Vergleich der $CO_2$-Emissionen in den WEC-Szenarien B („business-as-usual") und C1 (ökologisches Szenario) mit dem Faktor-4-Szenario

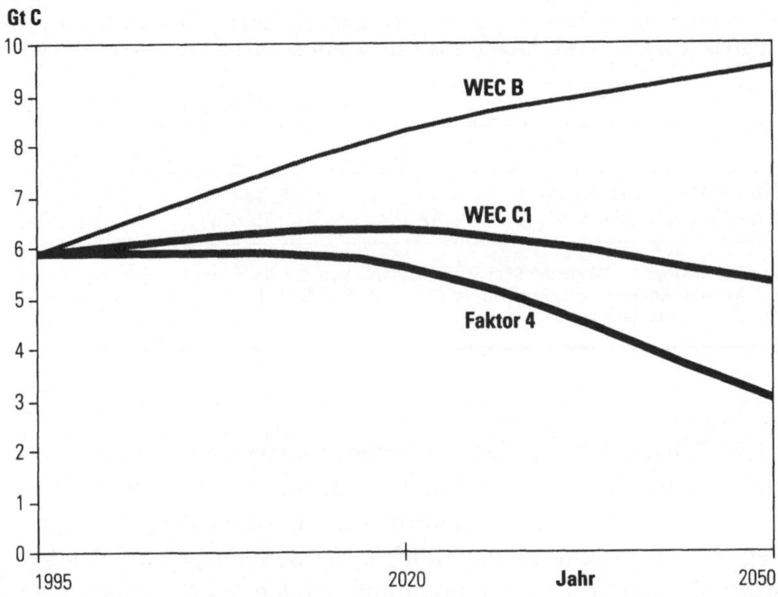

Aber wie steht es mit der wirtschaftlichen Realisierbarkeit des WEC-C1 und eines „Faktor-4"-Szenarios? Hierzu können wegen der Daten- und Prognoseunsicherheiten im folgenden nur einige Plausibilitätsüberlegungen vorgestellt werden.

Ausgangspunkt sind dabei erneut die erstaunlichen Erkenntnisse aus den WEC-Szenarien in Hinblick auf die Investitionskosten und Realisierungschancen der insgesamt sechs vorgelegten Szenarien: Hinsichtlich der Realisierbarkeit betonen die WEC-Autoren, daß trotz des langen Zeithorizonts heute Richtungsentscheidungen für die jeweiligen Zukunftspfade notwendig sind: „Alle werden für durchführbar gehalten. Aber keines geht davon aus, daß die Entwicklungen selbstverständlich eintreten werden" (WEC/IIASA 1995, S. 2).

**Tab. 1.2**: Kumulierte Gesamtinvestitionen für das Energieangebot von 1990 bis 2050 laut IIASA/WEC 1998 (in Klammern die Werte von 1995)

Kumulierte Investitionen auf der Angebotsseite im Zeitraum 1990 bis 2050 laut IIASA/WEC Studie 1998 (in Klammern die Werte von 1995)[1]

| | Szenario Fall (WEC) | | |
| --- | --- | --- | --- |
| | A1 | B | C1 |
| Kumulierte Investitionen [in Billionen US(1990) $] | 38 (54) | 35 (46) | 24 (31) |

1) Die niedrigeren Werte der 98er Studie erklären sich durch die Berücksichtigung von „Lern-kurven" Effekten (z.B. Kostendegressionen durch Massenfertigung), die in der 95er Studie nicht enthalten waren.

In Tabelle 1.2 werden die Investitionskostenrechnungen der IIASA/WEC-Studien (1995 und 1998) auf der Anbieterseite kurz zusammengefaßt: Die Gesamtinvestitionskosten des C1-Szenarios liegen bis zum Jahr 2050 deutlich unter den entsprechenden Investitionskosten von vier risikokumulierenden WEC-Szenarien (A1, A2, B1, B2)[5]. Allerdings wurden in keinem der Szenarien die verbraucherseitigen Investitionen ausdrücklich berücksichtigt, die wegen des stärkeren Effizienzwachstums voraussichtlich im C1-Szenario erheblich höher als in den anderen Szenarien sein werden. Aber wird das etwas daran ändern, daß das C1-Szenario kostengünstiger bleibt? Wahrscheinlich nicht. In bezug auf den Aufwand für Endverbrauchertechnologien und Investitionen in der Energiesparinfrastruktur sagt die IIASA/WEC-Studie (1995): „Wären wir in der Lage letzteres einzubeziehen, schätzen wir einen Anstieg der Werte um 50 bis 100 Prozent" (S. 73). Aber selbst bei einem Anstieg um 100 Prozent im C1-Szenario und nur 50 Prozent im B- und A1-Szenario bleiben die Gesamtinvestitionen des C1-Szenarios immer noch niedriger .

Aber wie schneidet das „Faktor-4" Szenario im Vergleich zu C1 und B (business-as-usual) ab? Wird die vergleichsweise größere Zunahme der Energie-Effizienz im „Faktor-4"-Szenario die Größenordnung und Reihenfolge der gesamten kumulierten Investitionen zwischen mehr angebots- oder mehr effizienzorientierten Szenarien verändern? Es gibt einige gute Argumente dafür, daß dies nicht der Fall zu sein braucht:

Erstens ist die vielversprechendste Strategie in bezug auf Kostensenkung auch nach Auffassung der WEC die forcierte Steigerung der Energieeffizienz. Im Abschluß-Statement von Houston wird betont: „Höhere Effizienz im Energieendverbrauch eröffnet die ... größte, schnellste und die kostengünstigste Möglichkeit Verbrauch und Verschlechterung der Umwelt zu mindern ..." (WEC Houston 1998). Dabei schöpft die im C1-Szenario (1998) unterstellte durchschnittliche Steigerung der Energieeffizienz von 1,4 Prozent p.a. bei weitem nicht die vorhandenen Effizienzpotentiale aus. Das trifft auch für die in dieser Hinsicht deutlich ambitioniertere „Faktor-4"-Strategie zu, in der die Rate der Energieeffizienz jährlich um ca. 2 Prozent steigt. Das „Faktor-4"-Szenario berücksichtigt nur – zumindest als Prototype – vorhandene fortgeschrittene Effizienztechnologien. Wohlgemerkt: Es geht also nicht um höchst unsichere Prognosen über zukünftig mögliche Basisinnovationen, sondern um die Marktdiffusion heute schon bekannter Hocheffizienztechnologien sowie um deren technologische Fortentwicklung und Kostendegression durch Massenfertigung. Unter günstigen Randbedingungen und verbunden mit Markteinführungsprogrammen sind innerhalb der nächsten 50 Jahre bei einigen dieser Schlüsseltechnologien (z.B. Passiv- und Plus-Energiehäuser, hocheffiziente Haushaltsgeräte und systemoptimierte elektrische Antriebssysteme, mobile und stationäre Anwendungen von Brennstoffzellen, superleichte und extrem energiesparende „Hypercars™" (Lovins 1996) eine weitgehende Marktdurchdringung und Kostendegressionen wahrscheinlich. Hinzu kommt, daß das Verständnis dafür wächst, daß neben diesen Basiseffizienztechnologien die Systemoptimierung über gesamte Prozeßketten durch integrierte Planung und Umsetzung eine enorme Energie- und Kosteneinsparung möglich ist (Lovins 1999). Die verbesserten Wirkungsgrade multiplizieren sich nämlich auf jeder Stufe von der Primärenergie, über die Endenergie bis zur Energiedienstleistung: sie ermöglichen z.B. für Pumpensysteme Effizienzsteigerungen um den Faktor 10 und mehr. Systemoptimimierungen sind aber prinzipiell nicht standardisierbar und können daher in Szenariorechnungen nur unzureichend einbezogen werden.

Zweitens müssen die relativ höheren Aufwendungen für REN im „Faktor-4"-Szenario mit den vermiedenen Energiebetriebskosten für den Verbraucher gegengerechnet werden. Bei der zu erwartenden erheblichen Verknappung fossiler Energieträger bis zum Jahr 2050 werden die realen Energiepreise voraussichtlich weit mehr steigen als der durchschnittliche Preisindex, gerade das macht die Energieeffizienz auf Dauer noch kostengünstiger als bereits heute. Daher wird die Markteinführungsrate steigen und Lerneffekte können auf breiter Ebene wirksam werden.

Drittens wird auch der etwas höhere Anteil an erneuerbarer Energie im „Faktor-4"-Szenario voraussichtlich nicht das Investitionskostenbild ändern: Im Gegensatz zu maßgeschneiderten Großkraftwerksinvestitionen sind REN-, REG- und KW/KK-Technologien für Massenfertigung zugänglich. Aufgrund von Kostendegressionseffekten werden künftig erneuerbare Energieträger wesentlich kostengünstiger als heute sein. Aus diesem Grund erwartet z.B. die Shell AG für den Zeitraum nach 2020 eine Wettbewerbsfähigkeit für die meisten erneuerbaren Energiequellen. In einer Publikation der Vereinten Nationen (UNDP 1997) werden verschiedene Stromerzeugungsportfolios für eine hypothetische Elektrizitätsversorgung miteinander verglichen. Dabei zeigt sich, daß gegenüber einem Kraftwerkspark mit traditioneller Erzeugung mit Kohle und Erdgas durch einen fortgeschrittenen Technologiemix (erweiterte Biomassenutzung und Gas-GuD-Anlagen sowie kleine Wasserkraftwerke) nicht nur eine Minderung von $CO_2$ von über 90 Prozent erreicht werden kann, sondern auch die spezifischen durchschnittlichen Erzeugungskosten fast auf gleicher Höhe gehalten werden können. Dieses fortgeschrittene weitgehend erneuerbare Technologieportfolio ist mit dem im „Faktor-4"-Szenario unterstellten zukünftigen Gesamtmix der Elektrizitätserzeugung gut vergleichbar.

Wenn das WEC-C1- und das „Faktor-4"-Szenario mögliche „Energiezukünfte" zutreffend beschreiben, bedarf es keiner Abwägung zwischen den Kosten des Klimaschutzes heute und der Vermeidung von Umwelt- und Klimaschäden von morgen, denn Klimaschutzpolitik schafft doppelten Nutzen: Erstens für die gegenwärtige Generation, da diese Strategie kostengünstiger ist als eine Politik des „business-as-usual"; zweitens für kommende Generationen, denn die Risiken und Umweltschäden zukünftiger globaler Veränderungen werden gemindert. Die energiepolitische Botschaft des WEC-C1- und Faktor-4-Szenarios ist daher so klar wie aufregend: Eine weltweite Strategie der Risikominimierung ist nicht nur technisch möglich, sondern wahrscheinlich auch leichter finanzierbar als „business-as-usual", nur: Energiemanager, Politiker und wir alle müßten uns bald gegen die derzeitigen Trends und für ein zukunftsfähigeres Energiesystem entscheiden.

Es ist beunruhigend, daß die Erkenntnisse aus den WEC-Szenarien in der etablierten Energiewirtschaft und Energiepolitik noch weitgehend folgenlos geblieben sind und die Inkaufnahme von mehr Kosten und ökologischen Katastrophen noch immer als energiepolitischer Pragmatismus, aber die volkswirtschaftlich vorteilhaftere Risikominimierung als illusionäre Politik dargestellt werden können.

Liegt diese weltweite Lern- und Entscheidungsunfähigkeit an der Globalität des Problems und an den fehlenden Institutionen oder Instrumenten einer Weltenergiepolitik? Dies ist sicherlich ein wesentlicher Grund, zumal die Player immer globaler werden, aber zukunftsfähige Energiepolitiken im besten Fall erst national (nicht einmal EU-weit) in Vorbereitung sind. Auch im Rahmen der Klimaschutzpolitik werden bisher nur die Umrisse einer weltweiten Energiepolitik erkennbar, Vorschläge für eine beschleunigte Umsetzung liegen vor (UNDP 1997).

Würde allerdings auf nationaler Ebene in den führenden Industriestaaten eine zukunftsfähige Energiepolitik als Ziel akzeptiert und eine Umsetzung auch angegangen, wäre die fehlende Weltenergiepolitik kein gravierendes Problem. Genau an diesen nationalen Vorreiterrollen mangelt es aber, wie der folgende Abschnitt zur Bundesrepublik Deutschland zeigt. Wie auf der Weltebene so zeigen auch deutsche Szenarien eindrücklich, daß ein praktizierter „Vorrang der Energieeinsparung vor der Energieerzeugung" (Koalitionsvereinbarung vom Oktober 1998) den Schlüssel für ein zukunftsfähiges Energiesystem darstellt. Bekenntnisse hierzu gibt es viele, aber es mangelt an der politischen Führung bei der Umsetzung.

*1.5. Die technisch-wirtschaftliche Machbarkeit einer „Effizienzrevolution"
ist für Deutschland nachgewiesen*

Die entscheidende ergebnissensible Variable im „Faktor-4"-Szenario ist die durchschnittliche Rate der Effizienzsteigerung von weltweit durchschnittlich 2 Prozent pro Jahr über 60 Jahre. Diese scheinbar moderate Rate bedeutet etwa eine Verdoppelung gegenüber der historischen Effizienzsteigerung, was nur durch eine Richtungsänderung der Weltenergiepolitik (siehe unten) erreichbar erscheint. Im „Faktor-4"-Szenario wird diese langfristige Steigerungsrate des energietechnischen Fortschritts nicht etwa als exogene Variable vorausgesetzt, sondern „bottom-up" aus den oben genannten differenzierten sektor- und technologiespezifischen Analysen durch das Modell berechnet.

Am Beispiel der Bundesrepublik, eines gegenüber den USA etwa doppelt und gegenüber Japan etwa halb so energieeffizienten Landes, kann plausibel gemacht werden, daß die Rate der Energieeffizienzsteigerung prinzipiell als strategische Energiepolitikvariable betrachtet werden kann. Es muß sich also keineswegs – wie in „top-down"-Energiemodellen häufig angenommen wird – nur um einen sogenannten „autonomen" technischen Fortschritt handeln, der quasi „wie Manna vom Himmel" fällt. Szenarien z.B. auch der Klima-Enquete-Kommission (Enquete-Kommission 1995) für die Bundesrepublik zeigen, daß beim Stand der Technik die Steigerungsrate der Energieeffizienz (reales Bruttosozialprodukt bezogen auf den Primärenergieeinsatz) bis 2020 von bisher etwa 1,7 Prozent p.a. auf bis zu 3,4 Prozent p.a. angehoben und bis zum Jahr 2050 etwa um den „Faktor 4" (vgl. Nitsch et al., 1997) gesteigert werden kann. Die forcierte Markteinführung von REN und KW/KK würde nach diesen Szenarien die technischen und wirtschaftlichen Voraussetzungen schaffen, um den Marktanteil von regenerativen Energien (REG) im notwendigen Umfang anheben zu können. Das kostengünstigere Energiesparen (Rationelle Energienutzung REN) erweitert in betriebs- und volkswirtschaftlicher Hinsicht die Finanzierungsspielräume für die noch teure regenerative Energie (REG).

Szenarien für Europa und die Bundesrepublik, die das wirtschaftliche Potential von REN, KW/KK und REG voll ausnutzen, zeichnen daher auch ein optimistisches Bild: Klimaschutzpolitik und der Verzicht auf Atomenergie sind unter dieser Voraussetzung nicht nur vereinbar, sondern – wegen der alternativen Verwendung staatlicher Mittel für Forschung und Entwicklung und der induzierten Innovations- und Investitionsdynamik für REN, KW/KK und REG – auch gegenüber „business-as-usual" mit volkswirtschaftlichen Gewinnen verbunden (Krause 1995; Enquete-Kommission 1995; vgl. auch Kap. III). So kommt z.B. die Studie von Krause et al. zu dem Ergebnis, daß eine $CO_2$-Reduktion von 40 Prozent in den fünf größten europäischen Ländern (EU5) und ein Ausstieg aus der Atomenergie bis zum Jahr 2020 mit volkswirtschaftlichen Nettogewinnen verbunden sind. Die Kosten gegenüber einer Trendentwicklung sinken im Zieljahr 2020 um 20-50 Mrd. ECU. Die Energieeffizienz steigt bis 2020 für EU5 um fast 5 Prozent p.a. Gegenüber einer Strategie des vorrangigen Preiswettbewerbs, wie sie durch die Liberalisierung des EU-Strommarkts angestrebt wird, errechnen Krause et al., daß durch die Umsetzung kosteneffektiver Potentiale für KW/KK und REN die Energiekostenrechnungen der Verbraucher (Energiekosten plus Finanzierungskosten für Energiespartechnologien) um den Faktor 2-4 stärker sinken könnten. Eine vorsorgende Klimaschutzpolitik durch Erschließung der REN-, KW/KK- und REG-Potentiale wird daher als weitgehend deckungsgleich mit einer „klugen Industriepolitik" eingeschätzt (Krause et al. 1995).

Nach den Klima-Enquete-Szenarien für die Bundesrepublik kostet es zwischen 20 und 130 DM Pro-Kopf und Jahr mehr, wenn bis zum Jahr 2020 aus der Atomenergie ausgestiegen wird und gleichzeitig die $CO_2$-Emissionen um 45 Prozent reduziert werden (Enquete-Kommission 1995). Eine andere Untersuchung für die Enquete-Kommission, in der eine umfassendere gesamtwirtschaftliche Analyse von Angebots- und Nachfrageressourcen durchgeführt wurde, kommt zu dem Schluß, daß ein Ausstieg aus der Kernenergie im Rahmen eines effektiven Klimaschutzes nicht zu einer Mehrbelastung führen muß, sondern eine Kostenentlastung und damit positive gesamtwirtschaftliche Effekte zur Folge haben kann (Enquete-Kommission 1995, S. 441).

Neuere Energieszenarien für Deutschland bestätigen die Ergebnisse der Enquete-Szenarien vor allem in folgenden Punkten: Für die Realisierung einer ausreichenden $CO_2$-Minderung (25 Prozent bis

2005; 50 Prozent bis 2020; 80 Prozent bis 2050) muß quasi ohnehin
– d.h. unabhängig vom Zeitpunkt des Atomausstiegs – der rationelleren Energienutzung Vorrang eingeräumt, der Marktanteil von
Kraft-Wärme/Kälte-Koppelung in der Industrie und in den Kommunen erheblich ausgeweitet und die Deckung des Restenergiebedarfs durch regenerative Energien stufenweise angehoben werden
(vgl. Wuppertal Institut 1998; 1999). Der Ausstieg aus der Atomenergie wird – abgesehen von einer kurzfristig unvermeidbaren
Spitze – nur dann in der Summe zusätzliche $CO_2$-Emissionen verursachen, wenn er keine Innovations- und Investitionsdynamik für
klimaverträgliche Alternativen induzieren und von keiner energiepolitischen Offensive zur Effizienzsteigerung und Markteinführung
von regenerativen Energien (REG) flankiert werden würde.

Aus einem Szenarienvergleich lassen sich folgende quantifizierten energiepolitischen Eckpunkte ableiten (Tabelle 1.3): Der Atomausstieg und eine mittelfristige $CO_2$-Reduktion (25 Prozent: 2005; 50
Prozent: 2020) sind nur vereinbar, wenn die durchschnittliche Steigerungsrate der Energieeffizienz pro Jahr erheblich angehoben und
gleichzeitig die KWK-Kapazitäten (vor allem Gas-GuD-Kraftwerke)
und der Mix aus REG (insbesondere Wind, Biomasse) mehr als verdoppelt werden. Diese Größenordnung der forcierten Markteinführung von REN, REG und KW/KK liegt durch die Klimaschutzziele fest, relativ unabhängig davon, wie der Ausstiegsfahrplan und
die Klimaschutzoptionen im einzelnen konzipiert sind. Auch wenn
der Ausstieg bis zum Jahr 2020 gestreckt würde, ändert dies nichts
Grundsätzliches daran, daß der „Vorrang der Energieeinsparung vor
der Erzeugung" und die beschleunigte Markteinführung von
KW/KK und REG ab sofort in die Praxis umgesetzt werden muß. Der
Vergleich von Ausstiegsszenarien des Wuppertal Instituts (Tabelle
1.3) zeigt, daß bei konstanter AKW-Kapazität und sonst unveränderter Energiepolitik (Trend) kein hinreichender $CO_2$-Minderungsbeitrag möglich ist. Im Vergleich zu einem AKW-Auslaufmodell (bis
2029; KE-A) bzw. zu einem Ausstieg bis 2010 (KE-O) verlangt ein
mittelfristiger Ausstieg bis 2005 eine kurzfristig deutlich beschleunigte Markteinführung von REN, REG und KWK. Dieses erheblich
anspruchsvollere energiepolitische Aktivitätsniveau bei einem kurzfristigen Atomausstieg mit Klimaschutz ist heute unvermeidlich,

28

**Tab. 1.3**: Vorrang für REN, REG und KWK ist für Klimaschutz notwendig: Atomausstieg verstärkt die Anforderungen

**Annahmen:**

| | |
|---|---|
| Sz. Globus | Ausstieg aus der Kernenergie bis 2005; 25 % $CO_2$-Reduktion bis 2005; 50 % bis 2020 |
| Sz. KE-0 | Ausstieg aus der Kernenergie bis 2010; 27 % $CO_2$-Reduktion bis 2005; 50 % bis 2020 |
| Sz. KE-A | Auslaufen d. Kernenergie n. Lebensdauer bis 2029; 30% $CO_2$-Reduktion bis 2005; 50% bis 2020 |
| Trend | Konstanter Anteil der Kernenergie; 16 % $CO_2$-Reduktion bis 2005 und 22,6 % bis 2020 |

**Effizienzsteigerung (%/a):**
**Verringerung des spezifischen Primärenergieverbrauchs**

| | 1980 bis 1994 | bis 2005 | bis 2010 | bis 2020 | bis 2030 |
|---|---|---|---|---|---|
| Globus | 1,7 | 3,4 | 3,0 | 2,6 | 2,0 |
| Sz. KE-0 | 1,7 | 3,1 | 3,6 | 2,6 | 2,0 |
| Sz. KE-A | 1,7 | 3,1 | 3,5 | 2,6 | 2,1 |
| Trend | 1,7 | 2,1 | 2,2 | 1,8 | 1,5 |

**Stromerzeugung aus erneuerbaren Energien**

| in TWh | 1990 | 1994 | 2005 | 2010 | 2020 | 2030 |
|---|---|---|---|---|---|---|
| Globus | 21,7 | 23,6 | 54,0 | 58,5 | 133,2 | 143,0 |
| Sz. KE-0 | 21,7 | 23,6 | 45,0 | 58,5 | 133,2 | 143,0 |
| Sz. KE-A | 21,7 | 23,6 | 45,0 | 58,5 | 75,4 | 143,0 |
| Trend | 21,7 | 23,6 | 36,1 | 40,8 | 46,8 | 52,1 |

**Stromerzeugung auf der Basis Kraft-Wärme-Kopplung**

| in TWh | 1990 | 1994 | 2005 | 2010 | 2020 | 2030 |
|---|---|---|---|---|---|---|
| Globus | 55,1 | 55,5 | 107,4 | 109,1 | 128,3 | 137,1 |
| Sz. KE-0 | 55,1 | 55,5 | 94,8 | 109,1 | 128,3 | 137,1 |
| Sz. KE-A | 55,1 | 55,5 | 94,8 | 109,1 | 128,3 | 137,1 |
| Trend | 55,1 | 55,5 | 84,6 | 90,7 | 103,9 | 109,8 |

**$CO_2$-Minderung gg. 1990 (in %)**

| | 1994 | 2005 | 2010 | 2020 | 2030 |
|---|---|---|---|---|---|
| Globus | 11,3 | 24,8 | 32,9 | 49,3 | 54,4 |
| Sz. KE-0 | 11,3 | 27,0 | 32,9 | 49,3 | 54,4 |
| Sz. KE-A | 11,3 | 30,1 | 37,3 | 49,3 | 54,4 |
| Trend | 11,3 | 16,3 | 19,5 | 22,6 | 24,7 |

weil die Klimaschutzpolitik der letzten Jahre nur zögerlich agierte und nicht flächendeckend aktiv geworden ist.

Die Szenarienanalyse liefert einen quantifizierten Zielkorridor, in den der Wettbewerb und die Deregulierung den Stromsektor in den nächsten Jahrzehnten (bis zum Jahr 2010) steuern müßten, wenn die gesellschaftlich gewünschten Ziele Ausstieg und Klimaschutz realisiert werden sollen:

- Eine Verdoppelung der jährlichen Energieproduktivitätssteigerung auf etwa 3,5 Prozent p.a.
- Eine Verdoppelung der Kapazität der industriellen und kommunalen Kraft-Wärme/Kälte-Koppelung.
- Eine Verdreifachung der Energiebereitstellung aus regenerativen Energien.

Diese Eckpunkte sollten als energiepolitische Orientierungsmarken für alle gesellschaftlich relevanten Akteursgruppen, aber nicht als verbindliche Planvorgaben dienen (siehe Kapitel VII).

Aber Szenarien und Orientierungsdaten für die Energiepolitik sind noch lang keine Realität. Vor allem der Zeitfaktor ist in mehrfacher Weise entscheidend: Die Investitionszyklen im Energiesystem sind relativ lang, falsche Investitionsentscheidungen blockieren Entwicklungen auf Jahrzehnte („entgangene Gelegenheiten") und ohnehin anstehende Neuinvestionen bilden in der Regel (z.B. bei Gebäuden und Kraftwerken) die Voraussetzung für kosteneffektive Umbaumaßnahmen.

Daher versucht das Wuppertal Institut nicht nur Politik und Wirtschaft von der Notwendigkeit und gesellschaftlichen Wünschbarkeit einer „Effizienzrevolution" zu überzeugen, sondern die vorhandenen Ansätze durch die Popularisierung von Erfolgsbeispielen und von innovativen Konzepten in diese Richtung zu beschleunigen: Aus jeder Kilowattstunde Strom oder Wärme kann durch innovative Technik und überlegtes Verhalten in der Regel zum Zeitpunkt ohnehin anstehender Erneuerungs- oder Rationalisierungsinvestitionen ein weit höherer Nutzen als bisher – eine Wohlstandssteigerung um den „Faktor 4" (von Weizsäcker; Lovins/Lovins, 1997) – abgeleitet werden. Es ist auch dann in arbeitsmarktpolitischer Hinsicht weit klüger „Kilowattstunden statt Beschäftigung abzubauen"

(E. U. von Weizsäcker). Und zumindest können erhebliche betriebliche Kosten eingespart werden. Heute gibt es „Passivhäuser" (private und Bürogebäude), die nur noch wenig mehr kosten als Niedrigenergie-Häuser und eine um den Faktor 10 geringere Energierechnung als Normalgebäude verursachen. Hocheffiziente Beleuchtung senkt den privaten Lichtstromverbrauch und die Stromrechnung um den Faktor 4, im gewerblichen Bereich mindestens um den Faktor 2 – bei kurzen Amortisationszeiten und bei gleicher Energiedienstleistung (Leuchtstärke). Kooperationsprojekte zum Ausbau der Kraft-Wärme/Kälte-Koppelung zwischen mehreren Gewerbebetrieben (und dem örtlichen Stadtwerk) senken den Energieverbrauch und die $CO_2$-Emissionen mindestens um den Faktor 2.

Nach vorliegenden Potentialabschätzungen (vgl. Enquete-Kommission 1990/95) könnten prinzipiell bis zu 45 Prozent des Primärenergieverbrauchs in Deutschland mit heute bekannter modernster Technik eingespart werden. Theoretisch könnten dadurch bei derzeitigem Energiepreisniveau etwa 100 Mrd. DM der volkswirtschaftlichen Energiekosten pro Jahr vermieden werden. Eine halbe Million Dauerarbeitsplätze könnten netto (nach Abzug der Verluste im traditionellen Energieangebotssektor) durch Erschließung dieses Einsparpotentials geschaffen werden. Modellrechnungen gehen davon aus, daß pro eingesparte Petajoule Primärenergie etwa 100 zusätzliche Arbeitsplätze entstehen – nach Abzug der Arbeitsplatzverluste in traditionellen Sektoren wie Kohle und großtechnischer Energiewirtschaft (Hennicke/Richter 1998).

Daß diese volkswirtschaftlich positiven Modellergebnisse in der marktwirtschaftlichen Realität bereits einen gewisse empirische Basis haben, zeigt ein Blick in die Statistik: In den Jahren 1976 bis 1993 lagen die Zuwachsraten bei der Produktion von REN und REG-Produkten etwa doppelt so hoch wie beim verarbeitenden Gewerbe. Auf 420 Mrd. DM schätzt das Umweltbundesamt (UBA) die von 1975-91 getätigten allgemeinen Ausgaben für den Umweltschutz. Die durch Umweltschutz Beschäftigten werden für 1994 auf 956.000 beziffert, und das UBA hält eine Steigerung auf 1,1 Millionen bis zum Jahr 2000 für möglich. „Hohe Umweltschutzstandards sind die Standortvorteile von morgen", urteilt das UBA zu Recht. Ohne vorsorgende umweltpolitische Eingriffe in die Märkte wären diese

Wachstumsmärkte nicht entstanden, und Deutschland wäre mit einem Weltmarktanteil von 21 Prozent (1990) nicht eines der größten Exportländer für umweltschutzrelevante Güter.

Dennoch handelt es sich bei den etwa 44 Mrd. DM jährlichen Umweltschutzausgaben (1993) in Deutschland noch weitgehend um End-of-pipe-Technologien, die zwar für die Hersteller neue Märkte und Renditen, für die Anwender aber im Regelfall Zusatzkosten bedeuten (z.B. Rauchgasreinigungsanlagen bei Kraftwerken). Eine moderne „Ökonomie des Vermeidens" (siehe unten) setzt jedoch vorrangig auf produktions- und produktintegrierten Umweltschutz und Kreislaufwirtschaft, also auf technische Innovationen, die Prozesse und Produkte so zu dimensionieren, steuern und im „Kreis führen", daß gerade auch für den Anwender Stoff-, Material-, Energie- sowie generell Kosteneinsparungen entstehen und damit eine verbesserte Wettbewerbsposition ermöglicht werden kann. Die Unternehmensberatungsfirma Kienbaum hat eine Hochrechnung über vermeidbare Rest- und Abfallstoffe sowie Energie in der deutschen Wirtschaft vorgenommen. Ergebnis: Zwischen 30-40 Mrd. könnten jährlich wirtschaftlich eingespart werden; das Gesamtpotential liegt bei ca. 290 Mrd. DM Kosteneinsparung pro Jahr (ca. 15 Prozent der Gesamtkosten).

Wenn all dies vernünftig und prinzipiell auch wirtschaftlich ist, warum findet es dann in der Realität erst so zaghaft statt? Ist es die skeptische Haltung von Politik und Wirtschaft gegenüber nicht nachprüfbaren Modellrechnungen, nach der ironischen Devise „Trau keinem Szenario (und keiner Statistik), das (die) Du nicht selbst gefälscht hast"? Sind widersprüchliche Szenarienergebnisse und zu diffuse bzw. zu wenig interessenunabhängige wissenschaftliche Politikberatung ein Grund für Rat- und Tatenlosigkeit? All dies spielt eine Rolle, trifft aber u.E. nicht den Kern des Problems. Wirksamer sind neben einer Vielzahl objektiver Markthemmnisse (siehe Kapitel IV) ökonomische und versorgungswirtschaftliche Grundüberzeugungen, die sich zu veritablen Denkblockaden ausgeweitet haben: Zum einen herrscht ein nahezu religiöser Glauben an die höhere Rationalität und nicht hinterfragte Zielsicherheit „freier" Marktprozesse: Probleme in Verbindung mit dem Energieverbrauch kann es demnach nur wegen zu wenig Wettbewerb geben, aber nie deshalb, weil der unregulierte Markt selbst das Problem ist. A. Lovins erzählt zur Illustration der Selbstblockade durch die herrschende Ökonomie die folgende Geschichte: Der Vater, ein Ökonom, geht mit dem Sohn spazieren, und dieser sieht einen Zwanzigmarkschein auf dem Boden: „Laß uns ihn aufheben", sagt der Sohn. Aber der Vater antwortet: „Gib Dir keine Mühe, wenn dort wirklich ein Zwanzigmarkschein läge, hätte ihn schon längst jemand mitgenommen".

Zum anderen hat ein Jahrhundert der „Energie-Versorgung" die Energieerzeuger zu omnipotenten Marktakteuren gemacht, aber die Verbraucher und die Politik entmündigt. Für den rundum energieversorgten Verbraucher gibt es kein individuelles Energieproblem mehr und die Politik sieht die sich zuspitzenden gesellschaftlichen Energie- und Umweltprobleme nach wie vor aus der Verkäuferperspektive. „Die Wirtschaft" ist für die „Versorgung" zuständig, die „Verbraucher" für das Einsparen. Mit dieser komfortablen Arbeitsteilung konnten die Energiekonzerne über Jahrzehnte auf Kosten der Um- und Nachwelt viel Geld verdienen, bis dieses Geschäft für uns alle zu teuer wurde. In Zukunft muß – verstärkt durch neue staatliche Rahmenbedingungen und veränderte Anreizstrukturen – durch Vermeiden von Energieverbrauch Profit gemacht werden können, unnötigen Energiemehrverbrauch können wir uns buchstäblich nicht mehr leisten.

Leider wird jedoch das Selbstverständnis der meisten Energiepolitiker derzeit noch durch einen abgewandelten Werbeslogan zutreffender beschrieben: „Alle reden vom Energiesparen, aber nichts geschieht". Selbst Wirtschaftsminister schwärmen von der „Effizienzrevolution", aber glauben, selbst nichts dazu beitragen zu müssen, daß sie stattfindet (vgl. Geleitwort von Werner Müller vom 16.06.99, KfW-Workshop in Frankfurt).

Der Markt wird's schon richten! Und wenn nicht? Im weiteren wird sich zeigen, daß bisher überwiegend das Gegenteil der Fall ist: Ohne machtvolle Allianzen aus Politik, Verbraucher- und Naturschutzverbänden mit den privatwirtschaftlichen Gewinnern eines zukunftsfähigen Strukturwandels (d.h. mit den „Effizienzindustrien" vom Wärmeschutz bis zum GuD-Kraftwerksbau), wird die Effizienzrevolution in ihren Anfängen stecken bleiben.

Die Politik muß die Rolle einer Effizienzlobby im gesellschaftlichen Interesse übernehmen denn das Energiesparen hat keine mit dem Energieangebot vergleichbare privatwirtschaftliche Lobby – weder in Bonn noch in Berlin. Und dies hat strukturelle Gründe. Im Gegensatz zu den hochkonzentrierten Energieanbietern hat die große Vielfalt der Hersteller von Effizienztechniken – von Wärmedämmstoffen, über superisolierende Verglasung, drehzahlgeregelte Hocheffizienzmotoren bis hin zu energiesparender Beleuchtung und Haushaltsgeräten – zum Beispiel keinen gemeinsamen Interessenverband „der Energie(-und kosten)vermeider". Während die Verbände der Energiewirtschaft (z.B. VDEW, VKU, ASEW), trotz zunehmender Interessenwidersprüche zwischen ihren vielen Mitgliedsunternehmen, (noch) zu gemeinsamen Stellungnahmen und Lobbyarbeit für die Verkaufsinteressen der Stromanbieter fähig sind, scheitert eine vergleichbare Interessenvertretung für das Energiesparen durch die Effizienzproduzenten bisher an der Heterogenität von Technologien, Unternehmensformen und Märkten. Gegenüber dem angebotsorientierten Kerngeschäft diversifizierter Energiekonzerne (wie z.B. Siemens oder ABB) sind die Energiedienstleistungen und Effizienztechnologien nur ein bescheidener Appendix. Contracting und Least-Cost-Planning (LCP)-Aktivitäten von Energieversorgungsunternehmen (EVU) können den Umsatzerlösen aus dem Energieverkauf noch nicht annähernd das Wasser reichen. Die Geschäftsfelder mit Technologien der Energievermeidung werden daher denen des Mehrverbrauchs von Energie immer wieder untergeordnet.

Auch von den Energieverbrauchern ist bisher keine wirksame Gegenmacht auf dem Markt für Energiedienstleistungen aufgebaut worden. Die Verbände der industriellen Energieverbraucher konzentrieren sich auf Forderungen zur Energiepreissenkung. Energiepolitisch weiterführende Konzepte entwickelt zwar der Bund der privaten Energieverbraucher (BDE) durch die Förderung der Solarenergie und neuer Finanzierungskonzepte für die Energieeffizienz.[6] Gegenüber der „Naturgewalt" des Preiswettbewerbs ist dies eine sinnvolle, aber nur bescheiden wirksame Gegenstrategie. Denn die Anreizstrukturen für die Anbieter fördern derzeit mehr denn je den Mehrverkauf von Energie, weil vor allem die großen EVU, die über den Wettbewerb erzwungenen Preissenkungen mit allen Mitteln und – da der Stromverbrauch weitgehend stagniert – letztlich zu Lasten der kleineren und ökonomisch schwächeren Konkurrenten und durch Internalisierung ihrer Geschäfte zu kompensieren versuchen. Was die California Public Utility Commission schon 1997 für den Deregulierungsprozeß in Kalifornien festgestellt hat, gilt weltweit, wenn dem unregulierten Preiswettbewerb weiter freie Bahn gelassen wird: „In fact ... electric utilities are entering a period where their interest in increasing sales volumes (as opposed to decreasing them via energy efficiency) has never been greater."

Wenn die Spielregeln und Rahmenbedingungen auf den „Energiemärkten" nicht geändert werden, wird es bei dieser für den Umwelt- und Klimaschutz schädlichen und letzlich auch für die Verbraucher und die Volkswirtschaft nur kurzfristig vorteilhaften Tendenz bleiben. Denn die bisherigen nationalen Großmonopolisten (die Stromverbundunternehmen) werden zu multinational agierenden Weltoligopolisten der Zukunft, so daß der nationale Handlungsspielraum für die Umsetzung angemessener Klimaschutzziele weiter begrenzt wird.

Da der wirtschaftswissenschaftliche Mainstream aber wider alle volkswirtschaftliche und ökologische Vernunft ganz überwiegend die alten Spielregeln favorisiert, muß im zweiten und dritten Teil dieser Untersuchung etwas fachspezifischer in die Markt- und Wettbewerbstheorie eingestiegen werden. Wir wollen den Mainstream der Fachökonomen und ihre Epigonen in den Vorstandsetagen und Ministerien dadurch herausfordern, daß wir ihnen zurufen: Nehmt wenigstens die ökonomische Theorie ernst, auf die ihr Euch bei Euren Beschwörungen von mehr Markt und Wettbewerb beruft! Denn die konzeptionelle und praktische Institutionalisierung eines funktionsfähigen und auch in ökologischer Hinsicht richtungssicheren Qualitätswettbewerbs ist anspruchsvoller als wohlfeile Bekenntnisse zur Marktwirtschaft: Aus Energie-„Vermeiden" muß „Ökonomie" gemacht werden d.h. neue Spielregeln für eine „Ökonomie des Vermeidens" von (nicht erneuerbarer) Energie müssen konzeptionell entwickelt, ihre reale Funktionsfähigkeit muß bewiesen und eine robuste Zielgenauigkeit in Richtung Energieeffizienz- und Solarenergiewirtschaft muß begründet werden.

# II. Märkte für Energiedienstleistungen: Ein Paradigmenwechsel ist überfällig!

## 1. Problemstellung und einleitende Thesen

„Energiedienstleistung" (EDL) und „Energiedienstleistungsunternehmen" (EDU) sind seit einigen Jahren in der Energiewirtschaft sowohl konzeptionell bei Energieanalysen wie auch in der konkreten Unternehmens- und Marketingpolitik eingeführte Begriffe. Im Zusammenhang mit komplexeren ökologischen Fragestellungen wie z.B. „Zukunftsfähigkeit" („Sustainability") wird darüber hinaus auch von „ökoeffizienten Dienstleistungen" (vgl. Wuppertal Institut et al. 1998; Bierther et al. 1996; Schmidt-Bleek et al. 1997; OECD 1998)[7] gesprochen, wobei hier nicht nur die Reduzierung des Energie-, sondern auch des Material- und Stoffeinsatzes bezogen auf „Funktionen", „Serviceeinheiten"[8] bzw. „Nutzenniveaus" betrachtet wird. In stofflich-ökologischer Hinsicht geht es bei Energiedienstleistungen um die Frage, wie ein bestimmtes Nutzenniveau mit weniger (nicht erneuerbarer) Energie bereitgestellt werden kann („De-Energetisierung"). Verallgemeinernd wird diese Fragestellung bei ökoeffizienten Dienstleistungen auf den Material- und Stoffeinsatz bezogen („De-Materialisierung"). Gemeinsam ist diesen ökologischen Dienstleistungskonzepten, daß quasi die Produktionsstufen hin zum Endverbraucher verlängert und die Prozeß- und Wertschöpfungsketten näher an die Nutzer und deren Bedürfnisse (bzw. an den zahlungsfähigen Bedarf) herangeführt werden. Sowohl bei konsum- wie auch bei produktionsnahen ökoeffizienten Dienstleistungen können dadurch die mit materiellen Produkten oder klassischen immateriellen Dienstleistungen verbundenen konkreten

Gebrauchswerte oder Funktionen, die der Nutzer sich eigentlich vom Konsum bzw. vom produktiven Einsatz erwartet, einer genaueren Analyse unterzogen werden. Während diese Funktionen beim Konsum typischer langlebiger Gebrauchsgüter (z.B. bei privaten Autos) sehr vielfältig sein können (vom nüchternen Mobilitätsnutzen bis hin zum lebensstilabhängigen Status- und Lustobjekt), sind die konsumtiven und produktiven Funktionen bei Energie relativ überschaubar und weitgehend auf technisch-physikalische Funktionserfüllung reduzierbar.[9] Insofern sind die weiter unten dargestellten Analysen über Energiedienstleistungen nicht einfach eins zu eins auf ökoeffiziente Dienstleistungen übertragbar, bilden aber für deren Analyse in methodischer Hinsicht lehrrreiches Anschauungsmaterial.

Die analytische Trennung von Gütern und Funktionen lenkt zum einen den Blick auf den konkreten Gebrauchswert und auf die Frage, ob das gleiche oder ein ähnliches Bedürfnis nicht mit weniger Energie- und Materialeinsatz sowie mit geringeren Kosten erstellt werden kann. Zum anderen können das Design, die Gebrauchseigenschaften (z.B. Langlebigkeit, Mehrfachnutzung), die Wiederverwendbarkeit bzw. Rezyklierfähigkeit eines Produkts sowie die Anreizstrukturen für Hersteller, Handel und Nutzer unter dem neuen Blickwinkel analysiert werden, daß nur der Nutzen und nicht das Produkt selbst verkauft werden.

Hieraus ergibt sich für die neuen Dienstleistungen eine grundlegende, gemeinsame ökologische Fragestellung: Kann generell durch einen Strukturwandel in Richtung auf öko- bzw. energieeffiziente Dienstleistungen das gleiche bzw. möglicherweise auch ein höheres Wohlstandsniveau mit weniger Energie- und Naturverbrauch erreicht werden? Während hierzu eine Reihe von ökologisch-systemanalytischen Untersuchungen vorliegen (vgl. von Weizsäcker/Lovins 1977), sind die ökonomischen und sozialen Implikationen (z.B. Arbeitsplatzeffekte) dieser Fragestellung noch wenig untersucht worden. Auffallend ist insbesondere, daß zwischen dem stofflich-ökologischen Konzept und der wirtschaftstheoretischen und wettbewerbspolitischen Analyse von Märkten für öko- und energieeffiziente Dienstleistungen eine erhebliche Diskrepanz besteht (zu wichtigen Vorarbeiten im Bereich der ökoeffizienten

Dienstleistungen vgl. Hinterberger/Luks/Stewen 1996; Hinterberger 1996). Diese Analyselücke zu schließen, ist daher eine zentrale Intention dieses Beitrages.

Vor allem im Energiesektor sticht ins Auge, daß die vorherrschende Ordnungs- und Wettbewerbspolitik das in der Unternehmenspraxis weitgehend eingeführte Konzept der Energiedienstleistung (EDL) und des Energiedienstleistungsunternehmens (EDU) ignoriert. Dies führt, wie im folgenden gezeigt wird, in ökonomischer und ökologischer Hinsicht zu fatalen Konsequenzen sowie zu ordnungspolitischen Fehlentscheidungen. Diese Defizite wären vermeidbar, wenn von einem wirtschaftstheoretisch fundierten Markt- und Wettbewerbskonzept für Energiedienstleistungen ausgegangen würde. Daher soll im weiteren genauer betrachtet werden, wie diese Defizite konzeptionell und in der praktischen Energie- und Wettbewerbspolitik überwunden werden können. Dadurch soll auch eine Diskussion darüber angestoßen werden, wie generell Märkte für ökoeffiziente Dienstleistungen geschaffen und ordnungs- und wirtschaftspolitisch flankiert werden können. Im Mittelpunkt steht die detaillierte Analyse von Energiedienstleistungen mit Hilfe von Elektrizität und die Analyse deregulierter Strommärkte, weil diese für die Ordnung (leitungsgebundener) Endenergiemärkte strukturprägend sind. Sinngemäß sind jedoch die hier entwickelten Konzepte wie EDU und EDL auch auf Gas-, Fernwärme- und Ölversorgungsunternehmen übertragbar.

## 2. Vom direkten Wettbewerb zum Substitutionswettbewerb

Die „Deregulierung" und „Liberalisierung" der „Märkte" für leitungsgebundene Energien sind Stichworte, die bei ordnungspolitischen Diskussionen seit Jahren von Bedeutung sind. Dabei stehen jedoch fast ausschließlich Überlegungen im Mittelpunkt, wie durch mehr direkten Wettbewerb zwischen Strom- und Gasanbietern günstigere Preise insbesondere für Großverbraucher erzielt werden können. Konzept und Wirkung von „Mehr Wettbewerb" in diesem begrenzten Sinne scheinen so evident zu sein, daß sowohl bei der von der

Bundesregierung gegen erheblichen Widerstand durchgesetzten Energierechtsnovelle als auch bei den hierzu formulierten Alternativentwürfen die hinter der Leitidee der „Deregulierung" stehende Markt- und Wettbewerbsvorstellung sowie Fragen der Energiequalität nicht weiter untersucht werden.[10]

Dieser Beitrag vertritt im Gegensatz dazu die These, daß erstens eine konzeptionelle Neuorientierung der Energiepolitik notwendig ist, weil in allen Deregulierungs- und Wettbewerbs-Konzepten für die (leitungsgebundene) Energiewirtschaft nur mit unzureichenden Partialanalysen des „Energiemarkts" operiert wird; zum Beispiel ist die Rede vom „Strom- bzw. Gasmarkt". Dabei steht ausschließlich die, für praxisnahe Analysen wenig aussagefähige Fragestellung im Mittelpunkt, wie auf einem von allen anderen Märkten künstlich abgeschotteten Markt scheinbar qualitätslose „Energie" (d.h. Arbeit gemessen in Kilowattstunden oder Leistung gemessen in Kilowatt) möglichst kostengünstig bereitgestellt werden kann. Bei den in der Mikrotheorie üblichen Partialanalysen von Märkten muß durch die ceteris paribus-Bedingung unterstellt werden, daß weder die Inputfaktoren noch der Output auf diesen Partialmärkten wesentlich von der Gesamtwirtschaft abhängen noch deren Entwicklung beeinflussen. Ein solcher rigoros vereinfachter Analyseschritt ist in didaktischer Hinsicht in einem Lehrbuch sinnvoll. Hierauf die Analyse des realen „Energiemarkts" und die gesamte Ordnungs- und Energiepolitik in einer entwickelten Volkswirtschaft zu beschränken, ist jedoch mehr als fragwürdig; denn sowohl die Kosten der Energiebereitstellung hängen stark von der Gesamtwirtschaft und umgekehrt das Gesamtkostenniveau (vor allem energieintensiver Industrien) erheblich von den Energiekosten ab. Ganz im Gegensatz zu theoretisch fiktiven ceteris paribus-Bedingungen gilt nämlich in der Realität: Wenige Märkte sind mit der gesamten Volkswirtschaft so wechselseitig verflochten wie gerade der Energiemarkt!

Durch die Methodik der Partialanalyse wird daher zweitens das ökologisch besonders bedeutsame Problem von vornherein konzeptionell ausgeblendet, wie jede (insbesondere nicht erneuerbare) Form von Energie durch effizientere Nutzung ersetzt und wie der hierfür notwendige Substitutionswettbewerb zwischen Energie und Kapital funktionsfähig gestaltet werden kann. Denn der eigentliche

40

Nutzen von Energieeinsatz (die Energiedienstleistung) ergibt sich immer nur in der Verbindung („als Paket") von mehr oder weniger effizienten Wandlertechniken und Energie. Die Kernfrage einer zukunftsfähigen Unternehmens- und Energiepolitik, wie Energiedienstleistungen (EDL) volkswirtschaftlich so preiswürdig wie möglich bereitgestellt und „Märkte für Energiedienstleistungen statt für Kilowattstunden" organisiert werden können, wird daher ignoriert (siehe weiter unten)[11]. Dabei werden die marktinduzierte Steigerung der Energiequalität (z.B. durch „grünen" Strom" aus erneuerbaren statt aus fossilen oder nuklearen Energiequellen) in diesem Beitrag nicht vertiefend untersucht. Denn einerseits handelt es sich konzeptionell um nichts Neues, wenn eine Marktsegmentierung allein durch die Zahlungsbereitschaft für erheblich teureren Öko-Strom erfolgt. Andererseits werden „Green Pricing"-Angebote auf Nischenmärkte und besondere Käufergruppen begrenzt bleiben. Insofern können sie allenfalls ergänzend, aber nicht als Ersatz für eine umfassende Markteinführungsstrategie für REG (z.B. auf der Grundlage eines modifizierten Stromeinspeisegesetzes; siehe unten) fungieren.

Drittens müssen anspruchsvolle Umweltqualitätsziele auch nach der traditionellen neoklassischen Theorie über Preiskorrekturen durch staatliche Interventionen (z.B. durch näherungsweise Internalisierung der sogenannten „externen" Kosten (vgl. weiter unten) von Strom aus fossilen/nuklearen bzw. des „externen" Nutzens aus erneuerbaren Energien; Quotenregelungen) mit den privatwirtschaftlichen Interessen in Einklang gebracht werden; zumal das derzeit rasch sinkende „anlegbare" Strompreisniveau aus konventioneller fossiler oder nuklearer Stromerzeugung Energiemehrverbrauch begünstigt und den Marktzutritt insbesondere für die noch teuren regenerativen Energien (REG), aber auch für kosteneffektive Potentiale der rationellen Energienutzung (REN) erschwert. Hinzu kommt die Vielzahl der spezifischen strukturellen, ökonomischen und sozialpsychologischen Hemmnisse (vgl. weiter unten) bei der Erschließung der umfangreichen Potentiale der rationellen Energienutzung (REN) (vgl. speziell zur neueren sozialpsychologischen Hemmnisforschung Hennicke/Jochem/Prose et al. 1997 sowie Wuppertal Institut et al. 1998).

Aus diesen Gründen ist das Ziel eines zukunftsfähigen und klimaverträglichen Energiesystems, den Energieverbrauch zu halbieren und den verbleibenden Restenergiebedarf mindestens zu 50 Prozent durch erneuerbare Energien zu decken,[12] allein mit Mitteln eines unregulierten direkten Wettbewerbs und im marktwirtschaftlichen Selbstlauf unerreichbar.

Daher ist es auch irreführend, das Konzept der „Deregulierung" als grundlegende energie- und wirtschaftspolitische Leitdoktrin zu präsentieren. Denn es suggeriert, daß durch einen Rückzug des Staates ein freierer, funktionsfähigerer Energiemarkt und eine effizientere Allokation entstehen würde. Das Deregulierungskonzept basiert auf der impliziten Annahme, daß durch weniger staatliche Intervention in der Realität „richtigere" Kosten und Preise sowie eine effizientere Ressourcenallokation auf dem „Energiemarkt" zustandekommen würden. Das Eintreffen dieses unterstellten Ergebnisses unter den konkreten strukturellen Voraussetzungen des deutschen Elektrizitätssektors ist aber theoretisch nirgendwo begründet und in der Praxis mehr als fraglich. Die auf deregulierten Strommärkten und derzeit auch in Deutschland deutlich sinkenden Strompreise sind jedenfalls hierfür noch kein Beleg, wenn sowohl die sogenannten externen Kosten gleichzeitig steigen als auch die volkswirtschaftlichen Energiegesamtkosten nicht auf das mögliche Kostenminimum sinken (siehe unten). In erster Linie wird die bisherige staatliche Fehlregulierung durch das Energiewirtschaftsgesetz und die Ausnahmebereiche des Kartellrechts durch eine ebenfalls unzureichende und einseitige staatliche Intervention – vor allem zugunsten billiger Industriepreise und eines verschärften Konzentrationsschubs beim Angebot – ersetzt.[13]

Angesichts der vermachteten Marktstrukturen in der Energiewirtschaft und der Globalität ökologischer Krisen muß zudem betont werden: Auch vollständige staatliche Abstinenz und Nichthandeln bedeutete de facto Energiepolitik; denn energiepolitisches „Laissez-faire" heißt sich dafür zu entscheiden, den marktbeherrschenden Privat- und Brancheninteressen die Gestaltungsaufgaben in der Energiewirtschaft zu überlassen. Wählerauftrag an die Energiepolitik ist jedoch, nach überprüfbaren und demokratisch legitimierten gesellschaftlichen Zielen steuernd in „den Markt" zu intervenieren, wenn die Deregulierungspolitik des „Laissez faire" zum Konflikt mit gesellschaftlichen Zielen führt.

Dies ist auch der Grund für die folgende Beschäftigug vor allem mit der Konzeptualisierung, mit den Einführungsbedingungen und mit den „ökologischen Leitplanken" (Schmidt-Bleek) für Märkte für EDL und erst in zweiter Linie mit Fragen der Energiequalitätssteigerung durch REG und KW/K. Konzeptionell läßt sich die Frage der Energiequalität in einen Markt für EDL wesentlich leichter integrieren als in den partialanalytischen Ansatz eines Energiemarkts. Auch in der Praxis gilt: Die prioritäre und forcierte Markteinführung von REN („Effizienzrevolution") ist die Voraussetzung für einen rasch wachsenden solaren Deckungsanteil und schafft erst das ökonomisch-ökologische Fundament für ein zukunftsfähiges und risikominimierendes Energiesystem. Wie obe gezeigt, muß in nationalen wie auch weltweiten Klimaschutzszenarien (ohne Kernenergie) typischerweise der weit überwiegende Anteil der $CO_2$-Minderung[14] durch REN erreicht werden. Hinzu kommt, daß die Ausschöpfung der REN-Potentiale die volkswirtschaftlich preiswürdigste und risikoärmste (weil material- und flächensparende sowie emissionsvermeidende) Strategie darstellt.

Andererseits besitzen REN-Techniken zwar vordergründig eine hohe gesellschaftliche Akzeptanz („Jedermann ist für Energiesparen"), die Umsetzung stößt jedoch auf eine besondere Vielfalt von Barrieren (vgl. weiter unten), nicht zuletzt auch psychologischer Art: Eingesparte Energie kann man nur messen und nicht sinnlich erfassen, REN besitzt bei weitem nicht den „Natur-Appeal" von REG und Solarenergie („mit der Sonne wohnen"; „Naturstrom"). Die Qualitäts- und Strukturänderungen beim Energieangebot hängen vor allem ab von der relativen Wettbewerbsfähigkeit der jeweiligen Stromerzeugungstechnologien und werden vom Verkaufsinteresse ihrer Anbieter auf klassischen Märkten für Endenergie vorangetrieben. Ein vergleichbares marktgetriebenes Energievermeidungsinteresse ergibt sich jedoch erst, wenn der (Substitutions-)Wettbewerb zwischen jeder Form von Energie und Effizienztechnologien funktionsfähig gemacht und Märkte für EDL entwickelt werden.

In diesem Beitrag wird daher vorrangig ein neues, wirtschaftstheoretisch und wettbewerbspolitisch umfassenderes, Konzept für einen Markt für EDL entwickelt. Die ökologische Qualitätsverbesserung des Stroms durch REG und KWK kann dabei problemlos in ein integriertes Vorrang- und Markteinführungskonzept eingebunden werden (vgl. Kapitel VII). Dabei werden die bestehenden Marktentwicklungshemmnisse untersucht sowie eine Typologie und ein marktsegmentierender Ansatz für die Erschließung eines EDL-Markts und zur Intensivierung des Substitutionswettbewerbs zwischen Energie und Effizienztechnologien vorgestellt. Die Begrenztheit und ökologischen Fehlsteuerungen eines ausschließlich am Energiepreiswettbewerb orientierten Konzepts können überwunden werden, wenn direkte Anreizstrukturen für Umweltschutzaktivitäten in dieses erweiterte Marktmodell integriert werden. Dies geschieht einerseits durch positive Rahmenbedingungen für eine „Ökonomie des Vermeidens" (z.B. durch „Integrierte Ressourcenplanung" (IRP); vgl. weiter unten), die zu einer wettbewerbsgetriebenen rascheren Erschließung von Einsparoptionen führen wird, deren Grenzkosten unter den Grenzkosten des Energieangebots liegen. Zum anderen läßt sich damit eine Anschubfinanzierung für REG- und KW/K-Technologien entsprechend der von ihnen vermiedenen sogenannten „externen" Schäden verbinden. Unter bestimmten Randbedingungen kann schließlich durch die Mobilisierung von freiwilliger Zahlungsbereitschaft für mehr Energiequalität zu höheren Preisen (z.B. aus REG und KW/K) in einzelnen Marktsegmenten die flächendeckende Markteinführung von REG und KW/K unterstützt werden.[15]

Die in diesem Beitrag entwickelte Analyse eines Markts für Energiedienstleistungen und der „Ökonomie des Vermeidens" (hier: Vermeiden von unnötigem Energieeinsatz!) kann, wie in der Einleitung bereits angesprochen, in methodischer Hinsicht und mit entsprechender Anpassung auch auf Märkte für ökoeffiziente Dienstleistungen und auf eine allgemeine „Ökonomie des Vermeidens von unnötigem Energie- und Stoffeinsatz" übertragen werden (Vgl. Hennicke 1996). Das vorwiegend technisch-stoffliche Konzept der Dematerialisierung und Steigerung der Ressourcenproduktivität um den „Faktor 4" (E. U. von Weizsäcker) bzw. um den „Faktor 10" (Friedrich Schmidt-Bleek) kann dadurch in einen wirtschaftstheoretischen und wettbewerbspolitischen Rahmen eingebunden werden (s.a. Hinterberger/Luks/Stewen 1996).

## 3. „Preise, Preise, Preise":
## Generallinie der Ordnungspolitik?

Als Hauptziel der Energiepolitik und der Geschäftstätigkeit von direkt konkurrierenden Energieversorgungsunternehmen (EVU) gilt derzeit, den Kunden – allen voran der Industrie – scheinbar qualitätslosen Strom zu möglichst geringen Preisen zu liefern. Die Wettbewerbskonzepte, die unter den Stichworten „Deregulierung" und „Liberalisierung" diskutiert und umgesetzt werden, sehen daher auch in der Einführung und Verstärkung von direkten Wettbewerbsbeziehungen zwischen Energieanbietern das einzige Mittel zum Abbau von Monopolgewinnen, für die Effizienzsteigerung der Energiebereitstellung, für sinkende Energiepreise und damit auch zur Energiekostenentlastung der Kunden. Dieses Mittel erscheint insbesondere den Hauptinteressenten, der energieintensiven Industrie, auf der Grundlage ihrer branchenspezifischen Wettbewerbserfahrungen auf den jeweiligen Produktmärkten, so evident, daß es scheinbar keiner weiteren theoretischen Begründung bedarf. Wer zum Beispiel als energieintensiver Hersteller von Aluminium, chemischen Produkten, Stahl, Glas oder Zement im internationalen harten Preiswettbewerb um sein jeweiliges Produkt steht, geht offenbar wie selbstverständlich davon aus, daß nur durch Intensivierung und Ausnutzung direkter Konkurrenz zwischen verschiedenen Energielieferanten und durch Preissenkung des „Produktionsfaktors Energie" die Energierechnung (auf die es eigentlich ankommt!) gesenkt werden kann.

Mag dieser Standpunkt bei energieintensiven Branchen noch eine gewisse Berechtigung haben, so führt er jedoch als ordnungspolitische Generallinie für die Reform der leitungsgebundenen Energiewirtschaft aus volkswirtschaftlichen und ökologischen Gründen in die Irre. Denn die scheinbare Evidenz täuscht: Weiter wird sich zeigen, daß zwar ein verschärfter direkter Wettbewerb zum Abbau von Monopolgewinnen auf den Märkten für leitungsgebundene Energien unter bestimmten Voraussetzungen zielführend sein kann. Dies gilt aber nur dann, wenn einerseits die Rahmenbedingungen für funktionsfähigen direkten Wettbewerb (z.B. keine marktbeherrschende Stellung von wenigen Energieanbietern; geringer Konzentrationsgrad; freier Marktzugang für Newcomer; Chancengleichheit für eine Vielzahl von Anbietern) hergestellt oder zumindest durch klare Marktregeln in einem dynamischen Prozeß schrittweise erreicht werden können. Keines der weltweit praktizierten „Deregulierungs"-Konzepte hat durch entsprechend entschiedene eigentumsmäßige Neuordnungs-, Entflechtungs- und Dekonzentrationsschritte von Anfang an diese Bedingungen geschaffen. Daß sich aber „faire Wettbewerbsbedingungen" allein durch die Dynamik des Wettbewerbs und durch die – zumeist zaghaften – Schritte des „Unbundling" oder durch den sogenannten „freien" Marktzugang (z.B. in der Form des Third Party Access (TPA), Negotiated Third Party Access (NTPA) oder Single Buyer) auf bisher hochkonzentrierten Märkten herstellen werden, liegt zwar den meisten Deregulierungskonzepten als stillschweigende Annahme zugrunde, ist aber bisher weder in der Theorie noch in der Praxis überzeugend gezeigt worden.

Eine noch wichtigere Bedingung für die Zielerreichung (sinkende Energiekostenbelastung der Verbraucher) ist andererseits, daß durch den intensivierten direkten Wettbewerb (im Regelfall zwischen mächtigen Angebotsoligopolisten) der in ökonomischer und ökologischer Hinsicht ungleich bedeutsamere Substitutionswettbewerb zwischen jeder Form von (nichterneuerbarer) Energie und von Kapital (Effizienztechnologien) nicht noch mehr als bisher erschwert wird. Es kommt für die einzelbetriebliche Wettbewerbsfähigkeit und insbesondere bei einer volkswirtschaftlichen Betrachtung weniger auf die Energiepreise, sondern vor allem auf die Minimierung der Energiegesamtkosten (incl. sogenannter „externer" Kosten und Amortisation für die Wandlertechnik) für eine bestimmtes Niveau an Energiedienstleistungen an. Um hierzu wirtschaftstheoretisch fundierte Aussagen machen zu können, bedarf es einer über die Partialanalyse „des Energiemarkts" hinausgehende Konzeption; auf dieser Grundlage kann dann in einem zweiten Schritt ein zielsicheres Instrumentenmix für den Weg in eine Energiespar- und Solarenergiewirtschaft abgeleitet werden.

Diese theoretische Neubegründung eines umfassenden Instrumentenmix ist auch deshalb notwendig, weil bis weit hinein in Umweltschutz- und Solarenergiekreise Illusionen über die verbesserten Markteinführungschancen von REN, REG oder KW/K allein durch den Automatismus eines unregulierten direkten Wettbewerbs bestehen. Die dabei unterschwellig genährte Hoffnung auf eine „Zerschlagung" bzw. zumindest „Schwächung" der bestehenden Energiekonzerne durch den Wettbewerb speist sich u.a. aus deren jahrzehntelanger Opposition gegen die Einführung von Wettbewerb sowie der aktiven Durchsetzung und jahrzehntelangen zähen Verteidigung des Energiewirtschaftsgesetzes (EnWG von 1935) durch die Verbundwirtschaft. Sicherlich verschaffte einerseits die zusätzliche rechtliche Absicherung durch das Energie- und Kartellrecht (z.B. durch Konzessions- und Demarkationsverträge) der ohnehin – in ökonomischer Hinsicht – bestehenden marktbeherrschenden Stellung der großen Verbund-EVU eine besonders komfortable Monopolposition. Die großen Energieanbieter (vor allem die Stromkonzerne) haben sich daher lange Zeit aus nachvollziehbarem Eigeninteresse gegen die Einführung von direkter Konkurrenz – mit dem Argument der „Besonderheiten der leitungsbundenen Energieversorgung" – gewehrt (vgl. Hennicke u.a. 1985). Der kartellrechtliche Ausnahmebereich begrenzte jedoch andererseits auch die regionalen Expansionsmöglichkeiten, indem er historisch die etwa 900 dezentralen Stadtwerke und Regionalverteiler (vgl. Schiffer 1997) vor der übermächtigen bundesweiten Konkurrenz der neun großen Verbundunternehmen schützte. Insofern darf aus der historischen Opposition der Verbund-EVU gegen die Einführung von direktem Wettbewerb nicht einfach in der Umkehr geschlossen werden, daß der Wettbewerb heute und in Zukunft mit dem Geschäftszweck der ehemaligen Strommonopolisten inkompatibel ist. Im Gegenteil: Die Forcierung des Energiegeschäfts durch Maximierung des Stromabsatzes (statt Optimierung von EDL) könnte den bereits eingeleiteten Wandel zum EDU erheblich erschweren und eine für die Umwelt fatale Regression zurück zum traditionellen EVU begünstigen, solange im Wettbewerb erzwungene Kosten- und Preissenkungen durch Mengenexpansion von Energie kompensiert werden können. Dies kann für die Umwelt- und Klimaschutzpolitik zum kontraproduktiven Regelfall von (fehl-)deregulierten Energiemärkten werden, weil generell der betriebswirtschaftliche Anreiz für EVU erheblich verstärkt wird, die durch Preissenkungen schrumpfenden Erlöse durch Absatzausweitung zu ersetzen.

## 4. Preiskorrekturen: Notwendig, aber nicht hinreichend!

Erhebliche Zweifel über die Sinnhaftigkeit und Aussagefähigkeit von reinen Partialanalysen „des Energiemarkts" ergeben sich insbesondere aus der Perspektive des Ressourcen-, Umwelt- und Klimaschutzes. Wegen des systematischen Auftretens und der globalen Wirkungen sogenannter „externer" Effekte (z.B. Klimaveränderungen) und der Erschöpfbarkeit nicht erneuerbarer Energieressourcen ist es wirtschaftstheoretisch nicht zu begründen, wie – ohne staatliche Intervention – von unregulierten Wettbewerbspreisen des „Energiemarkts" die richtigen langfristigen Knappheits- und Allokationssignale ausgehen sollen. Allerdings braucht zur theoretischen (Teil-)Korrektur solcher Marktdefizite im Modell des vollkommenen Wettbewerbs der partialanalytische Ansatz noch nicht aufgegeben zu werden. Durch näherungsweise Internalisierung[16] der sogenannten „externen" Effekte (siehe weiter unten) in der Form einer Energiesteuer (bzw. durch Zertifikate) oder auch durch allgemeine Netzaufschläge zur Umlagefinanzierung von Projekten und Programmen zur rationelleren Energienutzung (REN), der regenerativen Energien (REG) oder der Kraft-Wärme-Kälte-Kopplung (KWK/K) können die Energiepreise prinzipiell in eine umweltverträglichere Richtung korrigiert werden. Hinzu kommen „Green Pricing"-Modelle[17] in Marktnischen, mit deren Hilfe eine partielle Marktsegmentierung des Energieangebots nach Qualitätsmerkmalen („grüner Strom") erfolgen kann, soweit einzelne Kundengruppen bereit sind, dafür freiwillig höhere Preise zu bezahlen.

Mit einer aufkommensneutralen „Öko-Steuer" kann darüber hinaus unter idealisierten Wettbewerbsbedingungen eine Verbindung zwischen „Energiemarkt" und „Arbeitsmarkt" über die Veränderung der relativen Preise hergestellt werden. Wenn die Einnahmen aus einer Energiesteuer aufkommensneutral zur Senkung der Bruttoarbeitskosten (Senkung der Sozialversicherungsbeiträge) verwendet werden, wird ein relativ stärkerer Anreiz sowohl zum Energiesparen als auch zur Mehrbeschäftigung gegeben. Wegen struktureller Marktdefizite (siehe weiter unten) ist eine derartige veränderte Preis- und Anreizrelation zur gleichzeitigen Realisierung von Effizienz-, Mehrbeschäftigungs- und Umweltzielen jedoch nur notwendige, bei weitem aber noch nicht hinreichende Bedingung.

Der partialanalytische Ansatz – Wettbewerb auf dem Energiemarkt um geringe Energiepreise – kann also durch energiepolitische Interventionen z.B. in der Form einer Öko-Steuer modifiziert werden. Aber das Grundverständnis von Energiemärkten, auf denen „Kilowattstunden" zwischen Anbietern und Nachfragern gehandelt werden, bleibt auch bei diesen energie- und umweltpolitisch motivierten Modifikationen erhalten.

Dennoch ist wenigstens die Konsistenz des beschränkten partialanalytischen Wettbewerbsansatzes dadurch gewahrt worden, daß, nach der Einführung von direktem Wettbewerb durch die alte Regierung, die neue Bundesregierung in Ansätzen eine flankierende Öko-Steuer eingeführt und deren Fortschreibung angekündigt hat. Auf der anderen Seite offenbaren einige unseriöse Angriffe auf die Öko-Steuerreform besonders eindrücklich das dahinter stehende Sparten- und Verbandsinteresse, wo gleichzeitig das hohe Lied des Wettbewerbs angestimmt, aber die durchaus marktförmige Intervention durch die Öko-Steuer vehement bekämpft werden.

## 5. Führt der Preiswettbewerb langfristig zu mehr Energieeffizienz und Dienstleistungsorientierung?

Die Argumentation in den beiden letzten Abschnitten beruht insbesondere auf zwei Annahmen: Erstens wird unterstellt, daß der Anreiz für Mehrabsatz bei unreguliertem Preiswettbewerb für die EVU auf Dauer bestehen bleibt und auch die Öko-Steuer hieran nichts wesentlich ändert. Zweitens wird davon ausgegangen, daß der Wandel vom EVU zum EDU aus Gründen der Allokationseffizienz und des Umwelt- und Klimaschutzes weiter notwendig ist, statt das Energieeffizienzgeschäft anderen – vom Energieangebot unabhängigeren – Akteuren (z.B. Energieagenturen, Contracting-Firmen) zu überlassen.

Zusammengefaßt stellt sich also die Kernfrage, ob sich nicht doch ausreichende Anreize für ehemalige EVU und neue Akteure für Effizienzsteigerung ergeben, nachdem die bisherigen Monopolgewinne durch direkten Wettbewerb abgebaut worden sind und weitere Energie- bzw. Strompreissenkungen am Ende des „race to the bottom" nur noch durch technologische Innovationen und/oder bei sinkenden Brennstoffpreisen möglich sind. Werden darüber hinaus durch die Energiesteuer die Energiepreissenkungen zumindest teilweise kompensiert und dadurch der Anreiz zum Energiesparen wieder verstärkt, dann könne, so eine weit verbreitete Meinung, die Effizienzsteigerung doch „dem Markt" überlassen werden. In diesem Abschnitt soll zunächst mit drei Antworten auf diese Kernfrage eingegangen werden. Sie betreffen die realen Angebots- und Machtstrukturen auf dem Strommarkt („Disparität der Marktstellung") sowie den Zeitfaktor und die Dynamik des Umstrukturierungsprozesses. Zur Frage der Energiesteuer, der externen Kosten und der Hemmnisse wird weiter unten Stellung genommen.

Zunächst ist sicherlich plausibel, daß mit sinkenden Strompreisen mittel- und langfristig geringere Margen pro Kilowattstunde verbunden sein werden. Da gleichzeitig der nationale Stromzuwachs schon im Trend gegen Null tendiert, kann eine Absatzexpansion einzelner EVU zur Kompensation sinkender pro-kWh-Margen nur zu Lasten anderer Anbieter und durch internationale Expansion erfolgen. Insofern liegt es für Energieanbieter nahe, gleichzeitig die Absatzausweitung im Gebiet der Konkurrenten zu forcieren, die Kundenbindung durch Zusatzleistungen und Marketing zu verstärken und nach neuen Geschäftsfeldern mit zunächst noch geringen Umsätzen aber höheren Margen zu suchen. Bei einer vergleichenden Untersuchung europäischer Länder (vgl. Wuppertal Institut et al. 2000)[18] ergibt sich allerdings bisher wenig empirische Evidenz, daß diese Faktoren und Triebkräfte bei einem unregulierten Preiswettbewerb in Richtung Effizienzsteigerung gehen könnten. Im Gegenteil: Die Effizienzsteigerung beim Kunden als Mittel der Kundenbindung und als potentielles Geschäftsfeld, wie sie im Rahmen von IRP/LCP/DSM-Aktivitäten z.B. in Deutschland relativ weit fortgeschritten waren, werden seit der Energierechtsreform deutlich zurückgefahren. Dem steht auch nicht entgegen, daß in einem früh liberalisierten Strommarkt wie in Großbritannien zwischen 1990 und 1999 die Strom- und Gaspreise etwa um 23 Prozent (real) gesunken sind und dennoch die Energieproduktivität während dieser Zeit um etwa 5 Prozent gestiegen ist (Vgl. Unipede/Eurelectric 1999).[19] Denn eine gewisse kontinuierliche Energieeffizienzsteigerung ergibt sich bereits aus dem Strukturwandel (Tendenz zur Tertiarisierung) und dem mit jedem neuen Investitionszyklus verbundenen „autonomen" technischen Fortschritt. Aber diese „autonome" – auch bei einer Energiepreissenkung stattfindende – Effizienzsteigerung reicht bei weitem nicht aus, anspruchsvolle Ziele wie Klimaschutz und Zukunftsfähigkeit zu erreichen.

Allerdings ist in Deutschland zu beobachten, daß sich die Anzahl und die Qualität der Aktivitäten von Energieagenturen und von Contracting-Unternehmen in den letzten Jahren deutlich verstärkt haben. Es wird geschätzt, (vgl. Technomar 1998) daß von den etwa 400 der im Bereich Anlagen-Contracting tätigen Firmen etwa 50 Prozent als Tochtergesellschaften von EVU agieren. Insoweit diese Contracting-Aktivitäten tatsächlich der Gesamtkostenoptimierung pro EDL dienen, sind sie jedoch eher trotz und nicht wegen der Energierechtsreform von 1998 entstanden. Denn für Dritte (nicht mit Energieverkauf direkt assoziierte Firmen) bestanden in der Zeit der Gebietsmonopole und hoher Strompreise vor 1998 wesentlich günstigere Rahmenbedingungen, während Kampfpreise und eigene Contracting-Aktivitäten der EVU heute das Geschäft wesentlich schwerer machen. Dabei ist wohl unstrittig, daß beim typischen EVU (vor allem bei den Verbund-EVU) das „Einspargeschäft" im Vergleich zum „Energieexpansionsgeschäft" derzeit marginal ist und vorwiegend zur Kundenbindung und Energieabsatzsicherung betrieben wird.

Es bleibt also die Frage, ob der Einspareffekt aus Contracting und EDL-Aktivitäten den Expansionseffekt infolge der direkten Konkurrenz in Zukunft überkompensieren könnte. Diese Frage kann wegen des derzeitigen Übergangsprozesses noch nicht abschließend beantwortet werden. Empirische Untersuchungen (vgl. PESAG Febr. 98; Power Economics Okt.98;) deuten darauf hin, daß Energiedienstleistungen im stofflich-physikalischen systemaren Sinne (vgl. weiter unten sowie die Definitionen in IRP 1999) von Energieveredelung, Verlängerung der Wertschöpfungskette, optimierte System- und Paketlösungen aus einer Hand oder auch Angebots- und Einspar-

Contracting zur Marktpositionierung und Kundenbindung zukünftig bei einigen Akteuren wieder an Bedeutung gewinnen könnten. In jedem Fall handeln z.B. kommunale Anbieter klug, wenn sie ihre Orts-und Kundennähe als komparativen Marktvorteil nutzen und ihre Dienstleistungsorientierung ausbauen (siehe weiter unten). Denn Billig- und Ökostrom werden in Zukunft viele Anbieter unterschiedslos verkaufen können, eine Positionierung als Markenanbieter mit dem Kerngeschäft Energie ist nur über zusätzliche, vom Kunden gewünschte Produktveredelung und Dienstleistungen möglich. Daher bedeutet es auch keinen Widerspruch, den kommunalen EDU diese Offensivstrategie für ihre Substanzsicherung im Wettbewerb vorzuschlagen, aber gleichzeitig davon auszugehen, daß sie unter den derzeitigen Rahmenbedingungen nicht für alle kommunalen EVU eine hinreichend erfolgreiche Überlebensstrategie gegenüber der übermächtigen Verbund-Konkurrenz sein wird.

Dies hängt vor allem mit dem Zeitfaktor und der Dynamik des Prozesses in Verbindung mit der Disparität der Marktstellung zusammen. Die ohnehin bestehende marktbeherrschende Stellung der acht großen Verbund-EVU wird nämlich durch den unvermittelten Übergangsprozeß zum direkten Endverbraucher-Wettbewerb vorübergehend extrem verschärft. Der Monopolbesitz an Übertragungsnetzen, die Kostenstruktur und Überkapazitäten im weitgehend abgeschriebenen Groß-Kraftwerkspark, die Verfügungsgewalt über eine Kraftwerkskapazität mit billigen Brennstoff- und Betriebskosten (aus Wasserkraft, Braunkohle, Importkohle und Kernenergie), die geringen KWK-Kapazitäten[20] und die extrem hohe Liquidität aus Rücklagen und Abschreibungen bilden ein Abwehr- und Verdrängungspotential ersten Ranges gegenüber Stadtwerken, industriellen Eigenerzeugern und Newcomern (wie z.B. IPPs, d.h. Independent Power Producers). Mit Übernahme- oder Beteiligungsangeboten sowie mit nicht vollkostendeckenden Kampfpreisangeboten um von 2-4 Pf/kWh können daher gerade die Akteure am Marktzugang gehindert oder vom Markt gedrängt werden, die das Rückgrad der zukünftigen weit dezentraleren Stromerzeugungsstruktur bilden müßten. Zwar stellen bei Neu- und Ersatzinvestitionen derzeit Gas-GuD-Anlagen die billigste Stromerzeugungstechnologie dar und das zukünftige Mix aus Brennstoffzellen und REG-Technologien wird einen Schub in Richtung Diversität der Akteure, Dezentralisierung der Technologien und Dekonzentration von Marktmacht in Gang setzen; denn alle diese Technologien lassen sich – anders als große Wasserkraftwerke sowie Braunkohle- und Atomkraftwerke – nicht mehr durch Großanbieter monopolisieren. Dies ist aber gerade der entscheidende Grund dafür, daß die Betreiber maximale Restlaufzeiten bei Atomkraftwerken durchsetzen und einen dezentralen Erneuerungsschub des Kraftwerksparks so lang wie irgend möglich in die Zukunft verschieben wollen. Solange aber durch eine Novellierung des Energierechts und klare staatliche Vorrangregeln (siehe unten) keine annähernde Chancengleichheit auf dem deregulierten Strommarkt geschaffen wird, werden die ehemaligen Verbund-EVU dort die Markteinführung von REG und KWK/K behindern, wann immer es für ihre Unternehmensstrategie opportun ist. Im verstärkten Maße gilt dies für REN-Aktivitäten, die von einigen EVU aus Furcht vor den Folgen der Liberalisierung fast panikartig zur Bedeutungslosigkeit zurückgefahren wurden.

Weltweit sind die Bundesrepublik und Schweden die einzigen Industrieländer, wo mit einem Schlag, ohne Herstellung von vergleichbaren Startchancen für die etwa 900 Anbieter der Regional- und Kommunalstufe sowie für Newcomer und ohne einen stufenweisen Übergang der Endverbraucherwettbewerb durch staatliche Intervention eröffnet wurde. Langsam wird auch überzeugten Wettbewerbsprotagonisten klar, daß die mit der Energierechtsreform vom 1.4.1998 gewollte Systemänderung hin zur europäischen Großraumverbundwirtschaft vergleichbare dramatische ordnungspolitische Auswirkungen nach sich ziehen wird, wie sie mit Verabschiedung des Energiewirtschaftsgesetzes von 1935 verbunden waren. Zwar dient das neue Energierecht nicht mehr wie das Energiewirtschaftsgesetz der „Wehrhaftmachung" der deutschen Industrie und der militärischen Kriegsvorbereitung. Es ist aber nicht übertrieben, von einem Gesetz zu reden, daß in erster Linie den Standort Deutschland, die deutsche Industrie und die Stromverbundwirtschaft im Wettbewerbskrieg gegen die internationalen Konkurrenten stärken soll.

Daher ist nicht überraschend, daß sich RWE beim Preiskampf auch um die Tarifkunden mit dem (inzwischen untersagten) Slogan

„Sie haben ein Recht auf den günstigsten Strom in Deutschland" an die Spitze gestellt hat (vgl. Handelsblatt vom 3.8.1999). RWE hat gleichzeitig ankündigt, daß es für 2010 ein „mittleres Umsatzziel" von 125 bis 130 Mrd. DM anstrebt – verglichen mit gegenwärtig 16 Mrd.: „Bis zum Jahr 2010 peilt der Essener Energieversorger einen Spitzenplatz unter den europäischen Energiedienstleistern an. Dazu werden ein Anteil von zehn bis 15 Prozent am Gesamtvolumen des europäischen Energiemarkts von rd. 1000 Mrd. DM angestrebt" (ebenda); unter anderem soll „durch Preisführerschaft" im bisherigen Tarifkundenbereich, der Marktanteil in Deutschland von 6 auf 12 Prozent verdoppelt werden.[21] Es ist nur noch eine Frage der Zeit, daß sich vor allem die deutschen Unternehmen der Verbundstufe und – begünstigt durch die Frankfurter Strombörse und die neu entstandene Stromhändlerbranche – auch andere europäische Stromkonzerne (allen voran die EdF) einen verschärften Preiswettbewerb um alle Endverbraucher in Deutschland liefern werden.[22] Durch diese spezifische energiewirtschaftliche Gemengelage wird das „race to the bottom" in der Bundesrepublik einerseits stark beschleunigt, andererseits aber, wenn nicht bald neue Rahmenbedingungen gesetzt werden, eine zukunftsfähige Entwicklung weder durch die Energiepolitik noch durch die Verbund-EVU steuer- oder kontrollierbar. Für ein Land, daß gleichzeitig europäischer Vorreiter im Klimaschutz und beim Kernausstieg sein möchte, bedeutet dieser Verlust an Steuerungsfähigkeit und die damit verbundene Zukunftsunsicherheit ein energiepolitisches Fiasko. Denn sicher und von der Wirtschaftspolitik gewollt ist nur, daß der Konzentrationsprozeß auf der Stromverbundebene nun eine europäisch-weltweite Dimension bekommt sowie die Verdrängungskonkurrenz zugespitzt, die Motivation zur Marktzutrittsbeschränkung verschärft und die Entkommunalisierung forciert vorangetrieben werden. Ist ein „Ende mit Schrecken" (der Sprung in den Wettbewerb) besser als „ein Schrecken ohne Ende" (ein stufenweiser Übergangsprozeß)? Dies ist nur eine Wahl zwischen Teufel und Belzebub, wenn die Ziele und Spielregeln für den Wettbewerb nach wie vor unklar bleiben. Noch kann die deutsche Energiepolitik im Rahmen der EU-Binnenmarktrichtlinien zukunftsfähigere Rahmenbedingungen setzen und dem Wettbewerb eine ökologisch und ökonomisch sinnvollere Perspektive geben (vgl. Kapitel VII). Aber die Zeit hierfür wird knapp und auch die neue Bundesregierung sieht mehrheitlich bisher (Stand August 1999) keinen Handlungsbedarf.

Einen Handlungsbedarf kann man jedoch nach den hier vorgetragenen Argumenten nur dann verneinen, wenn in der sich heute bereits abzeichnenden „Marktbereinigung" in der Bilanz eine wünschenswerte Entwicklung gesehen wird. Diese Vorstellung einer angeblich notwendigen „Marktbereinigung" geht aber in diesen Zusammenhang am Problem vorbei. Damit wird nämlich fälschlicherweise suggeriert, daß bei Einführung eines Preiswettbewerbs die ineffizienten Produzenten von den innovativeren Anbietern vom Markt gedrängt werden. Der erwartete Konzentrationsschub durch Übernahme vieler Stadtwerke durch die Stromkonzerne wäre somit der Beweis für die kommunale Ineffizienz. Diese naive Vorstellung von Markt mischt sich mit dem sorgsam gepflegten Vorurteil, daß öffentlich gebundene Unternehmen per se ineffizienter wirtschaften würden als die Privaten. Es liegt uns fern hier in ein Loblied auf alle Stadtwerke einzustimmen. In der Tat gibt es unter ihnen Schlafmützen, politische Kungelei und unternehmerische Sklerose; diese Eigenschaften sind jedoch nicht allein auf die kommunale Ebene beschränkt, nicht umsonst firmierte z.B. das RWE lang Zeit im Branchenjargon unter dem Begriff „Wattikan" (Kölner Stadt-Anzeiger vom 04.08.99).

Hier kommt es uns aber nicht auf die Historie, sondern auf eine Einschätzung der zukünftigen Wirkungen des unregulierten Preiswettbewerbs an. Der wesentliche Unterschied zur idealtypischen „Marktbereinigung" auf anderen Märkten liegt nämlich darin, daß Strom als homogene Ware im Prinzip von jedem – auch von kleinen Stadtwerken – kostengünstig produziert oder gekauft werden kann. Der Verlust der Monopolposition und -renten durch den Preiswettbewerb trifft aber die kommunale EVU neben den bereits erwähnten strukturellen Gründen, vor allem auch aus kommunalwirtschaftlichen Gründen, wesentlich massiver als die großen Stromkonzerne:

Dies hängt zum einen damit zusammen, daß Nah- und Fernsysteme auf Basis von KWK zwar lange Zeit ein erklärtes Hauptziel der staatlichen Energie- und Förderpolitik waren, aber solche inno-

vativen Anlagen ganz überwiegend vor Ort durch die Stadtwerke
aufgebaut worden sind. Der Stromanteil aus KWK des RWE beträgt
z.B. etwa 1,6 Prozent und liegt absolut etwa in der Höhe eines bei
der Fernwärme seit langem engagierten Stadtwerks wie die Mann-
heimer Versorgungs- und Verkehrs AG. Der unregulierte Preiswettbewerb entzieht jedoch den kommunalen KWK-Anlagen durch
staatliche Intervention immer mehr die Geschäftsgrundlage. So werden z.B. in Bremen, Duisburg und in München KWK-Anlagen still-
gelegt. Dies ist kein Beweis für deren Unwirtschaftlichkeit, sondern
dafür, daß die Gesamtwirtschaftlichkeit der Anlage dann nicht mehr
gegeben ist, wenn bei der Kuppelproduktion von Strom und Fernwärme ein Teil der Stromerlöse durch den Wettbewerb herausge-
brochen wird.

Zweitens wird in vielen Städten mit öffentlichem Personennah-
verkehr (ÖPNV) und eigenen Stadtwerken, der ÖPNV seit Jahren
aus den Energiegewinnen quersubventioniert. Denn der ÖPNV ist
unter gegebenen staatlichen Rahmenbedingungen z.B. wegen der
massiven staatlichen und kommunalen Privilegierung des motorisierten Individualverkehrs („autogerechte Stadt"), bei kosten-
deckenden Preisen oftmals nicht wettbewerbsfähig. In der mittel-
fristigen Unternehmensplanung wurden daher im Zeitalter des
Gebietsmonopols die Energiepreise in der Regel in einer Holding so
kalkuliert, daß nach Verrechnung der ÖPNV-Verluste mit den Energiegewinnen durch Konzessionsabgaben, Gewerbesteuern und
einem bescheidenen Restgewinn ein regelmäßiger Finanztransfer an
den Kommunalhaushalt möglich war. Weil diese Quersubventio-
nierung zwar unvermeidlich, aber aus marktwirtschaftlicher Sicht
anrüchig und in ökologischer Hinsicht kontraproduktiv war, wurde
sie von den Stadtwerken verschämt verschwiegen. Dies rächt sich
heute, weil auf diesen massiven Wettbewerbsnachteil vieler Stadtwerke gegenüber den Stromkonzernen nicht offensiv hingewiesen
werden kann. Dabei war es gesamtwirtschaftlich allemal vernünf-
tiger, die Überschüsse aus dem Energieverkauf in die Vorhaltung
einer notwendigen Infrastruktur wie den ÖPNV zu investieren als
daraus, wie auf der Verbundebene, einen regelrechten „Feldzug von
Unternehmenskäufen" (Monopolkommission) und den Aufbau von
Kraftwerksüberkapazitäten zu finanzieren.

Schließlich muß betont werden, daß Stadtwerke bei Rationalisierungsmaßnahmen in der Regel mehr Rücksicht auf die lokalen Arbeitsplätze und die Interessen der Beschäftigten nehmen müssen. Personalabbau über natürliche Fluktuation oder Frühverrentung hinaus sind daher zwar für Stadtwerke, aber nicht notwendigerweise für große Stromkonzerne ein Tabu.

Daher sind viele Stadtwerke nicht wegen erwiesener Ineffizienz, sondern aus den genannten kommunal- und energiewirtschaftlichen Gründen gegenüber den Kampfpreisen und Übernahmestrategien der Stromkonzerne strukturell im Nachteil. Es ist erstaunlich, daß den AKW-Betreibern wie selbstverständlich Entschädigungen für entgangene Gewinne auch für die Zeit zugedacht werden, in denen die Anlagen längst abgeschrieben sind und sich mit Gewinn amortisiert haben (in der Regel nach 19 Jahren). Auf der kommunalen Seite dagegen, wo es um eine vorzeitige Stillegung von noch nicht abgeschriebenen KWK-Anlagen und um die Infragestellung der notwendigen Finanzierung des ÖPNV geht, wird nicht einmal offensiv die gerechtfertigte Forderung nach einer Kompensation der staatlich verursachten Verluste erhoben.[23]

## 6. Exkurs: Widersprüche der Energierechtsreform

Hauptziel der im April 1998 verabschiedeten Energierechtsreform (vgl. BGBl 1998; Hennicke 1997)[24] ist erklärtermaßen nicht der Umwelt- oder Klimaschutz, sondern die Effizienzsteigerung und eine Kosten- und Preissenkung beim Energieangebot durch Einführung von mehr direktem Wettbewerb zwischen Energieanbietern. Wie bereits gezeigt wurde, ist ein unregulierter Preiswettbewerb jedoch weder in der Theorie noch in der Praxis kompatibel mit anspruchsvollen gesellschaftlichen Zielen wie Umwelt- und Klimaschutz. Dies folgt vor allem daraus, weil der direkte Preiswettbewerb – ohne neue ökologische Rahmenbedingungen und eine Umkehr der Anreizstruktur – einzelne Unternehmen einem strikteren, rein betriebswirtschaftlichen Rentabilitätskalkül unterwirft.[25] Der ökonomische Anreiz für EVU, bei sinkenden Preisen ihre

Gewinne über den Mehrabsatz von Energie zu stabilisieren, wird dadurch erheblich verstärkt.[26]

Dies bedeutet natürlich nicht, daß gesellschaftliche Ziele wie Umwelt- oder Klimaschutz mit ineffizienten betriebswirtschaftlichen Mitteln verfolgt werden sollten. Der sich durch verschärften Preiswettbewerb vertiefende Widerspruch zwischen den betriebswirtschaftlichen Unternehmenszielen klassischer EVU und gesellschaftlichen Leitzielen (wie z.B. Klimaschutz und Zukunftsfähigkeit) muß vielmehr durch mehr staatliche Rahmensetzung und „ökologische Leitplanken" abgebaut werden.[27] Werden dadurch auch gleichzeitig die bisher „gehemmten, aber prinzipiell wirtschaftlichen Einsparpotentiale" (E. Jochem) rascher erschlossen, ist der volkswirtschaftliche Kostenentlastungseffekt höher als es nur durch eine Preissenkung erreichbar ist (vgl. weiter unten). Hierbei handelt es sich um klassische „Win-Win-Win"-Potentiale, wo nicht nur die Umwelt, sondern – bei geeigneten Rahmenbedingungen – auch tendenziell die EDL-Anbieter und die Nutzer gewinnen können.

Im Vergleich hierzu führt dagegen ein ökologisch nicht flankierter reiner Preiswettbewerb zu relativ weniger Umwelt- und Klimaschutz, auch wenn in Teilbereichen (z.B. industrielle Gas-GuD-Anlagen) eine zusätzliche $CO_2$-Minderung eintreten kann. Daher bleibt es widersprüchlich, einerseits direkten (Preis-)Wettbewerb zu fordern, anderereits aber zu beklagen, daß dann zur Sicherung von Umwelt- und Klimaschutz mehr staatliche „ökologische Leitplanken" notwendig werden. Denn die Einführung von mehr direktem und Substitutionswettbewerb (vgl. weiter unten) muß zweifellos mit einer verstärkten umweltpolitischen Flankierung verbunden werden, wenn die von den Klima-Enquete-Kommissionen geforderten Klimaschutzziele ($CO_2$-Reduktion von 25-30 Prozent bis 2005, von 45-50 Prozent bis 2020 und von 80 Prozent bis 2050) erreichbar bleiben sollen. Wie gezeigt wurde, wird in den vorliegenden Klimaschutzszenarien – im Vergleich zum Trend – von der Notwendigkeit einer forcierten Markteinführung von Techniken rationeller Energienutzung (REN), regenerativer Energien (REG) und industrieller/ kommunaler Kraft-Wärme/Kälte-Koppelung (KW/K) ausgegangen. Es gibt weltweit kein Deregulierungsmodell, für das theoretisch begründet oder gar in der Praxis nachgewiesen wäre, daß derartige weitreichende technologisch-organisatorische Strukturänderungen allein durch unregulierten Preiswettbewerb erreicht werden. Dies gilt insbesondere deshalb nicht, weil die realen Machtverhältnisse und monopolistischen Wettbewerbsformen den weitreichenden Voraussetzungen des Wettbewerbsmodells weltweit nirgendwo entsprechen; trotz der relativ großen Zahl von Versorgungsunternehmen kann auch in der Bundesrepublik von fairen Ausgangsbedingungen und annähernd gleichen Startchancen für die Stadtwerke oder andere dezentrale Akteure und Newcomer keine Rede sein.

Von Deregulierungsbefürwortern wird vielmehr unbegründet vorausgesetzt, daß sich die Ergebnisse des Modells eines vollkommenen Wettbewerbs auch auf realen Energiemärkten tendenziell einstellen. Wie weiter oben bereits erwähnt, wird dabei von der Vielzahl der Markthemmnisse, von der ökonomischen Monopol- bzw. Oligopolstellung marktbeherrschender Energieanbieter, von der gewachsenen dreigliedrigen Funktionsteilung in der leitungsgebundenen Energiewirtschaft (Verbund-, Regional- und Ortsstufe), von der Verbindung von Strom- und Wärmemärkten durch KWK, von den Vorteilen und Zwängen (z.B. die Notwendigkeit der ÖPNV-Finanzierung) des kommunalen Querverbunds sowie von den Auswirkungen der vertikalen Integration und Verflechtung in der Energiewirtschaft abstrahiert.

Das übersimplifizierte Deregulierungsmodell der Bundesregierung läßt insbesondere die strukturellen Determinanten, monopolisierten Rahmenbedingungen und Großkonzernstrukturen in der Stromwirtschaft unberücksichtigt, die bisher eine entschiedene Klimaschutzpolitik hemmen. Ignoriert wird, daß

- die Stromerzeugungskapazitäten zu 80 Prozent und das Verbundnetz zu 100 Prozent bei acht Verbundunternehmen mit relativ starren, für eine Effizienz- und Solarenergiewirtschaft wenig angepaßten Großkonzernstrukturen[28] konzentriert sind;
- langfristiger Klimaschutz und eine risikominimierende zukunftsfähige Entwicklung eine grundlegende Strukturveränderung in der Energiewirtschaft erfordert, d.h. mehr Dezentralisierung, mehr Diversität der Energieanbieter, eine Dekonzentration von Marktmacht und eine ortsnahe Investitionsverlagerung;

- die kapitalstarken Verbundunternehmen mit ihren derzeitigen Organisationsformen, angebotsorientierten Geschäftsfeldern und Großtechniken bisher keine führenden Klimaschutzakteure und Investoren sind („Dezentralisierung und Europäisierung von Effizienzkompetenz");[29]

- neue Formen der Kooperation, Arbeitsteilung und strategische Allianzen zwischen Verbund-, Regional- und Ortsstufe sowie innovativen Akteuren (z.B. Energieagenturen, IPPs[30], Contracting-Unternehmen) für einen effektiven Klimaschutz unabdingbar sind;

- wegen der hohen Überkapazitäten durch unregulierten Wettbewerb vor allem ein Verdrängungswettbewerb[31] (ruinöse Lockvogel-Preise aus abgeschriebenen Großkraftwerken) gegen kommunale und neue dezentrale Akteure begünstigt und Qualitätswettbewerb entmutigt wird, und

- Planungssicherheit dafür geschaffen werden muß, daß die Kraftwerksplanungen im nächsten Investitionszyklus (etwa ab 2005) hinsichtlich Technologien und Energiequelle richtungssicher, d.h. in eine langfristig klimaverträgliche Richtung erfolgen.

## 7. Energiedienstleistungen: Marketingidee oder theoretisch fundiertes Konzept?

Im auffallenden Gegensatz zu dem regierungsamtlichen Deregulierungsansatz und dem dahinter stehenden partialanalytischen Markt- und Wettbewerbsverständnis von „Energiemärkten" steht die heute in der Praxis nicht mehr umstrittene Verwendung von Konzepten wie Energie-dienstleistung (EDL) und Energiedienstleistungsunternehmen (EDU).[32] Auch die RWE Energie AG sieht sich bei der geplanten internationalen Absatzoffensive „Challenge 2010" als „Energiedienstleistungsunternehmen". Vorstandsvorsitzender Dipl. Wirtsch. Ing. Manfred Remmel wird am 3.8.1999 vom Handelsblatt wie folgt zitiert: „Ein besonders attraktives Segment ist nebem dem Gasbereich, bei dem RWE noch Nachholbedarf habe, der noch aufzubauende Sektor Energiedienstleistungen. Remmel bezifferte das Volumen im Jahr 2010 auf 180 Mrd. DM".

Obwohl die Konzepte EDU und EDL keineswegs einheitlich gebraucht werden (vgl. Wuppertal Institut et al. 1999), ist allen ihren Verwendungsformen eines gemeinsam: „Kilowattstunden" und der „Preis pro Kilowattstunde" allein scheinen nicht mehr hinreichend aussagefähige Markt- und Marketing-Parameter zu sein. Die Rede ist vielmehr von „Systemlösungen", von „Paketen aus Energiezuführung und Energieeinsparung", von „Produktveredelung", von „Verlängerung der Wertschöpfungskette", vom „Geschäft hinter dem Zähler", von „Verkauf und Kauf von Energieeinsparung", von „Finanzierung von Einsparpotentialen durch Contracting", von „mehr Kundenorientierung und Kundenbindung durch Qualitätswettbewerb" oder auch von der „Positionierung als Markenhersteller" und dem Angebot von „Ökostrom" bzw. von „Ökowatt" (statt Verkauf eines „homogenen Produkts" wie Strom). An der Praxis dieser aus der Verbände-, Unternehmens- und Marketingpolitik stammenden Vielfalt von EDL-Aktivitäten knüpft unsere Ausgangsthese an: Allen EDL-Aktivitäten und EDU-Konzepten ist gemeinsam, daß sie von einem partialanalytischen Verständnis von „Energiemärkten" Abschied genommen haben.

Allerdings ist der zugrundeliegende weiter gefaßte EDL-Begriff bisher vorwiegend systemtechnisch bestimmt oder rein marketingorientiert; eine hierauf aufbauende ökonomische Analyse eines „Markts für EDL" muß erst noch entwickelt und systematischer als bisher mit der Analyse der Energiequalität verbunden werden. EDL bedeutet definitionsgemäß eine systemanalytisch erweiterte Sichtweise des Energieeinsatzes: Energie ist nur Mittel zum Zweck, weder in der Produktion noch beim Konsum werden Kilowattstunden benötigt, sondern nur der daraus – in der Regel durch einen Energiewandler, ein Fahrzeug, einen Produktionsprozeß oder ein Gebäude – bereitgestellte Nutzeffekt. Wenn der Energieeinsatz aber in einer entwickelten Industriegesellschaft[33] nur noch in Verbindung mit Millionen von technischen Geräten, Fahrzeugen, Produktionsprozessen und Gebäuden stattfinden kann und die massenhafte Umwandlung von Energie sich offensichtlich (wegen der Erschöpfbarkeit und der Umweltschäden) zum globalen Problem entwickelt, macht es immer weniger Sinn, den in technischer, in gesellschaftlicher und in ökologischer Hinsicht besonders interdependenten Energiesektor in wirtschaftstheoretischer und wettbewerbspolitischer Hinsicht weiter als einen Partialmarkt, wie z.B. den Wassermelonenmarkt in den USA[34], zu behandeln. Die „Energiemärkte" zeichnet aber ganz im Gegenteil dazu aus, daß ihre Entwicklung gerade im Regelfall mit der allgemeinen wirtschaftlichen Entwicklung zusammenhängt. In der herrschenden Markt- und Wettbewerbstheorie klafft zwischen der Analyse bestimmter Partialmärkte und anderen Märkten genau die Lücke, die bei der Analyse der typischen Interdependenzen von Endenergie- und Energieeffizienzmärkten überbrückt werden muß. Konzeptionell gelingt dies im Rahmen der neoklassischen Mikrotheorie am überzeugendsten, wenn ein simultanes Gleichgewicht zwischen der Endenergiebereitstellung und dem Einsatz von Wandlertechnik, d.h. die volkswirtschaftliche preiswürdigste Bereitstellung von EDL, angestrebt werden (vgl. weiter unten).

Auch das Konzept des Energiedienstleistungsunternehmens (EDU) bedarf insofern einer ökonomischen Präzisierung. Wenn EDL die auf EDL-Märkten gehandelten Waren sind, dann erscheint es sinnvoll, jedes EDL anbietende Unternehmen als EDU zu bezeichnen. Dem kommt der englische Begriff der „Energy Service Company" (ESCO) nahe, der eine mögliche Verbindung mit dem Lieferanten von Energie, dem Energieversorgungsunternehmen (EVU), offen läßt, aber nicht präjudiziert. Im deutschen Sprachgebrauch ist dagegen zumeist „vom Wandel eines EVU zum EDU" die Rede, wobei das Angebot von EDL im Regelfall mit der Diversifizierung der Geschäftstätigkeit von bisher reinen Energielieferanten hin zum „Geschäft hinter dem Zähler" (siehe oben) assoziiert wird.[35]

Im folgenden wird davon ausgegangen, daß sowohl der „Wandel vom EVU zum EDU" als auch die Neugründungen und Geschäftsaktivitäten von innovativen – mit Energielieferungen bisher nicht befaßten – EDU (z.B. Energieagenturen) sehr vielfältige Formen annehmen können: Die Palette reicht von bisherigen reinen Versorgungsunternehmen, über Anlagenhersteller (z.B. für Automatisierung, Gebäudetechnik), Energieagenturen, Wohnungsbaugesellschaften, Facility Management Unternehmen bis zum Handwerk und spezialisierten Contracting-Firmen. Hinzu kommen neue „grüne" Anbieter oder Geschäftsfelder von EDUs oder auch IPPs („Independent Power Producers"), die allein oder auch in Kooperation mit Industriebetrieben mehr Energiequalität auf Basis von REG und KWK anbieten. Derzeit gewinnen vor allem reine Stromhändler, Stromhandelssparten bzw. -töchter von EVU und Broker (Strombörsenakteure) an Bedeutung. Für eine zukunftsfähige Energiepolitik wird es daher um so bedeutsamer, gerade auch in diesem neuen Akteurssegment des Strom-(mehr?)verkaufs, die ökologische Orientierung sicherzustellen.

Hervorzuheben ist, daß der Wandel zum EDU und zum EDL-Markt nicht einem vorübergehenden, aber umkehrbaren Marketing-Trend folgt, sondern einerseits aus technisch-wirtschaftlichen Bedingungen (insbesondere wegen der Kostensenkung von Techniken der dezentralen Energieumwandlung und -nutzung) bereits ansatzweise stattfindet. Aus strukturellen und ökologischen Gründen müßte jedoch anderseits die weltweite Entfaltung von EDL-Märkten stark beschleunigt werden. Eine Voraussetzung hierfür ist, „Märkte für EDL" mikroökonomisch und wettbewerbstheoretisch präziser zu fundieren und hieraus neue Impulse für die Energie- und Wettbewerbspolitik abzuleiten.

## 8. Effizienz und Suffizienz

„Märkte für volkswirtschaftlich vorteilhafte EDL" entsprechen den individuellen und gesellschaftlichen Interessen der Nutzer an dem eigentlich erwünschten „Energienutzen" weit mehr als „billige, aber riskante" Kilowattstunden. Aber die noch grundsätzlicheren verteilungspolitischen und ethischen Fragen nach der Suffizienz – „wieviel EDL sind für wen notwendig und genug?" – sind damit noch nicht beantwortet. Denn dabei geht es einerseits um Probleme der innerstaatlichen, internationalen und intergenerationellen Verteilungsgerechtigkeit d.h. zum Beispiel um folgende Fragen: Wieviele erschöpfbare Energieressourcen dürfen in den Industrieländern noch verbraucht und wieviel damit verbundene Schadstoffe (z.B. klimawirksame Gase) können noch freigesetzt werden, ohne die Bedürfnisbefriedigung und Lebensqualität in Entwicklungsländern und/oder späterer Generationen zu begrenzen?

Andererseits liefern produkt- und prozeßspezifische Effizienzsteigerungen allein noch keine Lösung des Klima- und Ressourcen-
problems, zumal die hiermit erreichte spezifische Ressourcen- und
Energieinsparung durch eine noch größere Anzahl von Anwendungen (über)kompensiert werden kann. Dies kann an folgenden Bei-
spielen veranschaulicht werden: Wenn die Einführung des 3-Liter-
Autos dazu führt, daß die bisherige Pkw-Flotte schneller wächst
oder ihre Fahrleistung vervielfacht, dann wird offenbar nicht nur der
Energieverbrauch nicht sinken, sondern alle weiteren mit dem
motorisierten Individualverkehr verbundenen externen Effekte
(z.B. mehr Unfälle, mehr Landschaftsversiegelung, mehr Lärm)
werden zunehmen. Wenn das Durchschnittseinkommen weiter
erheblich steigt und das Bauen und Bewohnen von Einfamilien-
Passivhäusern so billig und alternativlos werden sollte, daß das
„Heim im Grünen" zum Lebensziel für immer mehr Haushalte wird,
dann könnte der ohnehin besorgniserregende Flächenverbrauch in
der Bundesrepublik dramatische Ausmaße annehmen.

Effizienzsteigerung hilft daher die dringend notwendige Zeit zum
Umsteuern und zur Entdekung „neuer Wohlstandsmodelle" (E. U.
von Weizsäcker) sowie weniger ressourcenintensiver Lebensstile zu
gewinnen. Aber sie kann dann kontraproduktive Effekte haben,
wenn die gewonnenen Freiheitsgrade nicht maßvoll und vertei-
lungsgerechter genutzt werden. Reinhard Loske hat eine zukunftsfähige Entwicklung daher mit den drei sich wechselseitig bedingen-
den Kategorien „besser" („Effizienz"), „anders" („Naturallianz") und
„weniger" (Suffizienz) beschrieben.

Joergen Noergard hat zu dieser Thematik die folgende auf-
schlußreiche Szenarienrechnung am Beispiel von elf europäischen
Ländern beigesteuert. Die Abbildungen 2.1 und 2.2 zeigen, daß die
Ausschöpfung der Effizienzpotentiale in den elf europäischen Ländern ausreicht, bei ungebremstem quantitativem Wachstum den
Stromverbrauch („Wachstumsszenario") nur eine zeitlang abzusen-
ken. Aber erst bei dem moderateren qualitativen Wachstum des
„Sättigungsszenarios" gelingt es, den Stromverbrauch auf Dauer so
zu stabilisieren, daß er vollständig mit erneuerbaren Energien
gedeckt werden kann.

**Abb. 2.1**: Der „Zeitgewinn" durch Effizienzsteigerung. Doch im Wachstumsszenario steigt nach dem Jahr 2010 der Stromverbrauch erneut.

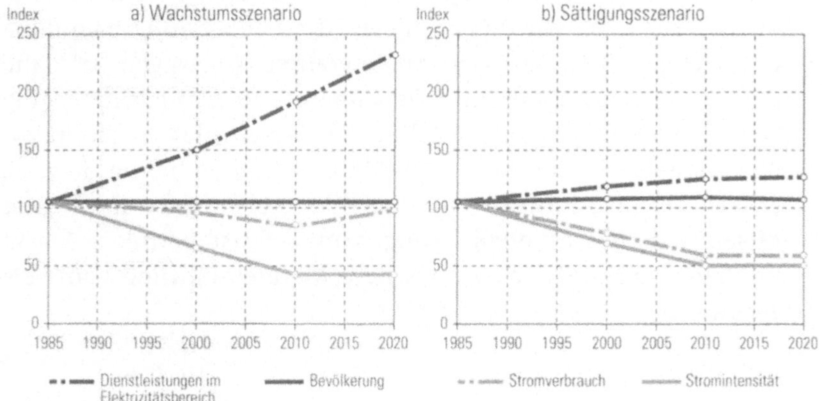


Quelle: Noergard/Viegand 1992

**Abb. 2.2**: Im Sättigungsszenario kann die Energienachfrage allein durch erneuerbare Energien gedeckt werden.

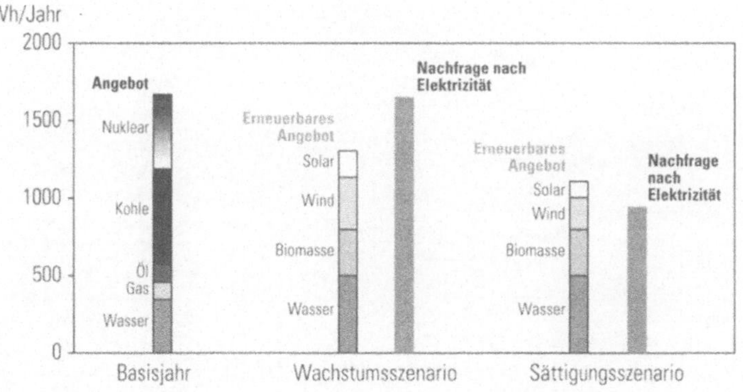


Quelle: Noergard/Viegand 1992

Suffizienzfragen entziehen sich weitgehend der ökonomischen Analyse. Die im folgenden angewandte mikroökonomische Theorie und das Konzept der „Ökonomie des Vermeidens" stoßen hier an ihre Grenzen. Da wir uns nachfolgend nur noch innerhalb dieses begrenzten Erklärungs- und Analyserahmens bewegen, sei daher ausdrücklich auf dessen interdisziplinäre Erweiterungsnotwendigkeit hingewiesen. Dennoch lohnt sich der Ausflug in die mikroökonomische Analyse von „EDL-Märkten". Denn hieraus folgt ein erheblicher Erkenntniszuwachs über den Abbau von Markthemmnissen zur Institutionalisierung von selbststeuernden Marktmechanismen und für eine raschere Markteinführung von REN-Techniken.

# III. Mikroökonomische Fundierung eines „Markts für Energiedienstleistungen"

Grundgedanke der folgenden Darstellung ist die konsequente Einführung des Konzepts der „Energiedienstleistung" (EDL) in die neoklassische Mikrotheorie. Gefolgt wird dabei einem „praxeologischen" (O. Lange) Verständnis von Produktions-, Preis- und Mikrotheorie, die – unabhängig von Eigentums-, Verteilungs- und Ökologiefragen – zunächst nur Effizienz- und Optimalitätsbedingungen analysieren will.[36] Auf dieser Grundlage können abstrakte Entscheidungskalküle und Mechanismen der „optimalen Preisbildung" formuliert werden, die theoretisch sowohl für einen idealtypischen Zentralplan als auch für die Vielzahl von Akteuren in der fiktiven Welt des vollkommenen Wettbewerbs zutreffen. Damit wird sowohl das „naturvergessene" Grundverständnis (siehe unten), die „Gleichgewichts"-Vermutungen als auch die Tendenz zur apologetischen Überhöhung kapitalistischer Marktwirtschaften der Neoklassik vermieden. Vielmehr behalten die zahlreichen, insbesondere auch aus ökologischer Sicht formulierten, wirtschaftstheoretischen und gesellschaftspolitischen Einwände[37] gegenüber der neoklassischen Wirtschaftstheorie trotz der hier vorgenommenen begrenzten Neuinterpretation von „Märkten für EDL" ihre Gültigkeit.

Kilowattstunden stiften allein noch keinen konsumtiven oder produktiven Nutzen. Es geht den Energie-„Verbrauchern" (von den Haushalten bis zur Industrie) daher auch nicht um Energieeinsatz als Selbstzweck, sondern letzlich um die hieraus ableitbaren konkreten Nutzeffekte (also um stofflich-physikalisch definierte Energiedienstleistungen wie z.B. „behagliche Raumtemperatur", „Beleuchtung", „Kraft", „Prozeßwärme"). Sinnvollerweise unterscheidet man dabei produktionsorientierte EDL (wie z.B. Beleuchtungsstärke, Druckluft, elektrische Antriebskraft, Pumpenleistung, Kühlung oder Prozeßenergie auf einem jeweils definierten Niveau) und konsumnahe EDL (wie z.B. behagliche Raumtemperatur, gekühlte Nahrungsmittel oder gewaschene Wäsche mit ebenfalls konkret angegebenem Dienstleistungsniveau).

Insofern macht es in ökonomischer Hinsicht wenig Sinn, die wirtschaftliche Analyse „des Energiesystems" auf der Ebene der Preisbestimmung für Endenergie abzubrechen. In der traditionellen Mikroökonomie wird, wenn überhaupt, „Energie" nur als einer unter vielen Produktionsfaktoren in die Analyse des Produktionsprozesses (als Produktionsfaktor in der Produktionsfunktion) einbezogen. Der Wettbewerbspreis für Energie wird, wie der Preis aller anderen Güter, durch das Angebot und die Nachfrage von Energiemengen bestimmt, so daß bei wettbewerbsoptimaler Allokation der Energiepreis den Grenzkosten entsprechen muß. In der Präferenzordnung des üblichen Lehrbuch-Konsumenten kommt Energie in der Regel überhaupt nicht vor; dies macht schon deshalb keinen Sinn, weil der Ausgabenanteil für Energie (ohne Kraftstoffe) im durchschnittlichen Arbeitnehmerhaushalt – selbst beim heutigen niedrigen Preisniveau – rund 3 bis 5 Prozent beträgt (Statistisches Bundesamt 1998). Zwar ließe sich das partialanalytische Konzept „des Energiemarkts" – wie bei der Produktion – ganz analog in das Kalkül nutzenmaximierender Konsumenten integrieren. Aber wie in der Produktion bliebe es dabei, daß Energie als Endprodukt behandelt wird und die Pläne miteinander konkurrierender Anbieter und Nachfrager um Kilowattstunden den Preis auf „dem Energiemarkt" bestimmen.

Es wurde bereits auf einige Schwachpunkte (z.B. Auftreten sogenannter „externer" Effekte) dieser partialanalytischen Konzeption eines „Energiemarkts" hingewiesen. Im folgenden wird begründet, warum es aussagekräftiger und zeitgemäßer ist, die Energieumwandlungskette als einen zweistufigen Prozeß der Produktion von EDL und als ein Problem der simultanen Optimierung über beide Stufen zu analysieren. Dabei steht sowohl für den produktiven als auch konsumtiven Einsatz von Energie die Frage im Mittelpunkt, welchen konkreten Nutzeffekt sich die Konsumenten („welches konkrete Bedürfnis soll hierdurch befriedigt werden?") oder die Unternehmen/Produzenten („welche konkret definierte technische Funktion muß gewährleistet werden?") hiervon erwarten.[38] Die direkte Bezugnahme auf den Nutzeffekt von Energie verlängert die Umwandlungskette von der Primär-, über die End- und Nutzenergie bis zur EDL beim Kunden (von der Industrie bis zum Haushalt) und macht den Substitutionsprozeß zwischen Energie und Kapital zum expliziten Schwerpunkt der Analyse von Optimalitätsbedingungen, Hemmnissen, Instrumenten und der Unternehmens- und Energiepolitik.

Diese Schwerpunktverlagerung der Analyse ist in energie-, umwelt- und wettbewerbspolitischer Hinsicht deshalb notwendig und aussagefähiger, weil

- der Produktions- und Entscheidungsprozeß über den eigentlich erwünschten Nutzeffekt des Energieeinsatzes unmittelbar zum Gegenstand der mikroökonomischen Analyse gemacht wird;
- die Entscheidung über den kostenoptimalen Energieeinsatz unmittelbar mit der Entscheidung über die Effizienz der Wandlertechnik verknüpft wird[39];
- nicht „billige" Energiepreise, sondern die minimalen Gesamtkosten (Energiezuführung plus Kapitalkosten der Effizienztechnologien) pro EDL zum entscheidenden Optimierungskalkül werden;
- die hierdurch motivierte systematischere Suche nach der kostenoptimalen Vermeidung von Energieeinsatz durch effizientere Wandlertechnik einen entsprechenden technologischen Entdeckungs- und Innovationsprozeß beschleunigen kann;
- die herausgehobene Rolle der nicht erneuerbaren Energie als erschöpfbarer und umweltbelastender „Produktionsfaktor" explizit berücksichtigt werden kann;
- die Vermeidung der Umweltauswirkungen unnötigen (ineffizienten) Energieeinsatzes direkt in die Pläne von Unternehmen und Haushalten einbezogen und damit die Schadensvermeidungskosten (Kosten der Energieeinsparung bei gleicher EDL) zum unmittelbaren Entscheidungskalkül werden;
- die Suche nach „Win-Win"-Konstellationen („die Umwelt und mindestens ein Wirtschaftssubjekt gewinnen durch eine Ressourcenreallokation") eine präzisere ökonomische Fundierung erhalten;

- für alle Energieverbraucher (vom Industriebetrieb bis zum Haushalt) einheitlich eine kostenoptimale Bereitstellung von produktiven oder konsumtiven EDL als Generalziel der Unternehmens- und Energiepolitik angesteuert werden kann und schließlich
- die jeweiligen Umsetzungshemmnisse und -instrumente durch diese systemare Sichtweise besser zielgruppen- und sektorspezifisch bestimmt werden können.

Wirtschaftlich optimale Entscheidungen über EDL setzen offenbar eine umfangreiche – über den Partialmarkt „Energie" weit hinausgehende – Informationenmenge und Marktransparenz voraus; dies betrifft nicht nur die zahlreichen austauschbaren Energiearten (von der Primär- bis zu den Endenergien Strom, Nah- und Fernwärme, Erdgas, Heizöl, erneuerbare Energien), sondern vor allem auch eine Vielzahl von Effizienztechniken und Finanzierungsfragen sowie deren systemare Verknüpfung. Häufig ist es in der Praxis so, daß mehr und teurer Energieeinsatz durch energieeffizientere, aber zum Teil kostenaufwendigere Wandlertechnik ersetzt werden kann, ohne daß das gewünschte Niveau an EDL reduziert wird. Die Kunden (von der Industrie bis zum privaten Haushalt) müssen also in Kenntnis der Konditionen (Preise, Finanzierung, technische Spezifikationen) auf einer Vielzahl von Wettbewerbsmärkten eine simultane Optimierung über mehr Energieeinsatz oder effizientere Wandlertechniken vornehmen.

Es wurde eingangs angesprochen, warum einerseits eine Differenzierung nach der Energiequalität (z.B. erneuerbare anstelle von fossilen und nuklearen Energien) auf dieser Ebene der Analyse zunächst noch unterbleiben kann, aber im zweiten Schritt einbezogen werden muß. Denn grundsätzlich ist es ökologisch sinnvoll, ein gewünschtes Niveau an Dienstleistung unterschiedslos mit möglichst geringem Energieaufwand bereitzustellen. Damit andererseits auf den Märkten für EDL der nicht vermeidbare Energieeinsatz möglichst umfassend durch REG oder zumindest KWK bereitgestellt werden kann, müssen flankierende Rahmenbedingungen und angemessenere Preis- und Anreizrelationen durch politische Intervention (z.B. durch näherungsweise Internalisierung der sog. „externen" Kosten und Nutzen) geschaffen werden. Es wird davon ausgegangen, daß die notwendige Differenzierung hinsichtlich der Qualität (z.B. hinsichtlich der Risiken und Erschöpfbarkeit) des Endenergieangebots letztlich politisch entschieden werden muß.[40] Dies betrifft sowohl die Tolerierung oder Ablehnung der besonderen Risiken der Kernenergie wie auch die Bewertung des Schadensvermeidungspotentials und die Schaffung von Vorrangregelungen für die erneuerbaren Energien.

Mit dem traditionellen Instrumentarium der neoklassischen Mikroökonomie läßt sich unter diesen Annahmen diese simultane Optimierung als zweistufiger Prozeß zur Bereitstellung von EDL[41] analysieren.

Auf der ersten Stufe bieten EVU/EDU Endenergien, z.B. Strom, Fernwärme und Erdgas an (Endenergiebereitstellung); erstaunlicherweise werden die meisten Deregulierungs- und Wettbewerbs-Analysen ausschließlich auf diese Stufe beschränkt. Dies ist jedoch eine begrenzte angebotsorientierte und rein partialanalytische Perspektive, die in energie- und wettbewerbspolitischer Hinsicht nur auf die einfache Formel hinausläuft, die Endenergie pro Kilowattstunde „so billig wie möglich" (so die Formel aus dem EnWG) bereitzustellen. Für ein wirtschaftstheoretisches Optimum – d.h. für eine effiziente Allokation von Endenergie und Kapital/Wandlerleistung) – ist jedoch die Optimierung des Teilmarkts für Endenergie nur notwendige, aber keinesfalls hinreichende Bedingung.

Die Endenergie wird nämlich auf einer zweiten Stufe (Energienutzung und Umwandlung in EDL) beim Endverbraucher unter dem Einsatz von Wandlerleistungen (Kapital, Know How, Verhalten) in Nutzenergie bzw. in Energiedienstleistungen überführt. Offensichtlich existieren hier interdependente Märkte, weil das Angebot und die Nachfrage von Endenergie maßgeblich auch von der Effektivität und den Einsparkosten von Wandlertechniken wie auch umgekehrt der Kauf von effizienten Wandlergeräten vom Preis für Endenergie abhängt. Erst die simultane Optimierung über diese interdependenten Märkte führt zu einem wirtschaftstheoretischen Optimum.[42]

# 1. Effiziente Bereitstellung von Endenergie

Die effiziente Bereitstellung von Endenergie kann nach der in der Mikroökonomie üblichen Modellvorstellung mit der folgenden Abbildung 3.1 verdeutlicht werden.

Die Nachfragekurve mißt den Wert der Energiebereitstellung für die Verbraucher an deren Zahlungsbereitschaft. Die jeweilige Preis/Mengen-Kombination drückt dabei aus, welchen Wert die Verbraucher der Energie beimessen und welche Menge sie beim jeweiligen Preis nachzufragen bereit sind. Die Fläche unter der Nachfragekurve entspricht demnach für jedes Absatzvolumen dem Gesamtwert der Energiebereitstellung, gemessen an der Zahlungsbereitschaft der Verbraucher.

Die Angebotskurve ergibt sich aus der langfristigen Grenzsystemkostenkurve der Energiebeschaffung. Der Absatzmenge (auf der Abszisse) sind die jeweiligen Zuwachskosten der marginalen

**Abb. 3.1**: Effiziente Bereitstellung von Endenergie

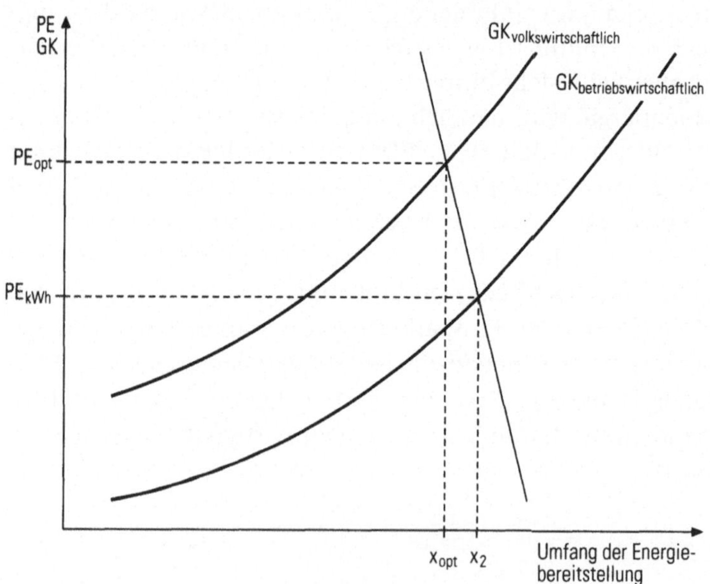

Erzeugungseinheit zugeordnet. Die Grenzkosten sind dabei aus dem Produktionswert der eingesetzten Produktionsfaktoren ermittelt, den diese bei ihrer besten alternativen Verwendung erbringen würden (Opportunitätskosten). Werden die sogenannten „externen" Kosten internalisiert (z.B. durch eine Steuer) verschiebt sich die Angebotsfunktion nach oben. Der umgekehrte Effekt – eine Verschiebung nach unten – tritt ein, wenn für die Energieerzeugung auf Basis von regenerativen Energien oder der Kraft-Wärme/Kälte-Kopplung (KWK/K) in Höhe der vermiedenen „externen" Kosten eine Gutschrift (z.B. in Form einer Anschubfinanzierung oder erhöhter Einspeisevergütung) erhalten.[43]

Eine optimale Allokation (kostengünstigste Zuordnung der Produktionsfaktoren bei der Energieumwandlung) ist beim Absatzvolumen X(opt) erreicht, wo die Grenzkosten einer marginalen Energieeinheit (GK(E)) der Zahlungsbereitschaft der Verbraucher für diese Einheit (PE) entspricht; d.h. im Marktgleichgewicht muß gelten:

$$\textit{Preis der Endenergie = Grenzkosten oder PE = GK(E)} \quad (1)$$

Der soziale Überschuß, die Differenz aus dem Gesamtwert der Endenergiebereitstellung (=Fläche unter der Nachfragekurve) minus den volkswirtschaftlichen Kosten (=Fläche unter der Angebotskurve), erreicht beim Preis PE (opt) ein Maximum.

Liegt der Marktpreis unter den PE (opt), sind die Anbieter nur bereit, eine unter x(opt) liegendes Angebot bereitzustellen. Liegt er über PE (opt), sind die Nachfrager nur bereit, eine geringere Menge als x(opt) zu kaufen.

Auf idealtypischen, vollkommenen Märkten müßte sich also – nach einem gewissen Anpassungsprozeß im Regelfall – x(opt) einstellen. In der Realität kommt es jedoch zu systematischen Abweichungen von x (opt). Die Ökonomen sprechen dann von Effizienzmängeln bzw. von Marktversagen, halten dies aber für korrekturfähige Ausnahmesituationen. Wesentliche Ursache hierfür ist das Auftreten sogenannter „externer" Effekte (siehe auch weiter unten). Was aber folgt daraus, daß Ungleichgewichte in der Praxis die Regel und Gleichgewichte nur als im Modell antizipierbare Optimierungsziele darstellbar sind? Hierauf gibt die klassische Wirtschafts- und

Wettbewerbstheorie keine befriedigende Antwort. In der energietechnischen Literatur sowie in energiewirtschaftlichen Bottom-up-
Analysen werden statt dessen immer längere Listen von Markt-
„Hemmnissen" aufgeführt, ohne daß dies bisher zu Konsequenzen
hinsichtlich des Markt- und Wettbewerbskonzeption geführt hat.

## 2. Effiziente Energienutzung (Bereitstellung von EDL)

*2.1. Formale Ableitung der Minimalkostenbedingung*
Die Umwandlung von Endenergie in EDL kann, je nach Verbraucher
und Verbrauchsform, in sehr unterschiedlichen, teilweise höchst
komplexen Produktions- und Optimierungsprozessen erfolgen.
Auch die Akteure dieser Umwandlung können je nach Form der
benötigten EDL und Komplexität des Energiewandlers äußerst vielfältig sein: Sie reichen vom Do-it-yourself-Eigenarbeiter (z.B. bei
solarversorgten und selbst gedämmten Eigenheim) bis hin zur Con-
tracting-Projektgesellschaft, um die industrielle Abwärmenutzung
und Prozeßoptimierung in einer Raffinerie zu optimieren. Mit der
neoklassischen Produktions- und Nutzentheorie können solche Prozesse modellmäßig stark vereinfacht als ein Herstellungsprozeß von
EDL dargestellt werden, bei dem Endenergie und komplexe Wandlerleistungen eingesetzt werden, zwischen denen eine stetige Substitutionsbeziehung angenommen wird. Durch eine effizientere
Wandlertechnologie (z.B. Ersatz einer konventionellen Heizung
durch einen Brennwertkessel, bessere Wärmedämmung, effizientere Beleuchtung, Isolierverglasung, kontrollierte Lüftung, Klimatisierung) kann ein bestimmtes Niveau an EDL mit weniger Energie
erreicht werden. Mit einem um einen Faktor 10 gegenüber einem
Normalhaus gesenkten Einsatz von Endenergie kann z.B. mit der
„Wandlertechnologie" eines Passivhauses ein vergleichbares Niveau
an Energiedienstleistung (behagliche Raumwärme) bereitgestellt
werden.

Wie die Abbildung 3.2 zeigt, lassen sich diese Substitutionsbezie-
hungen unter vereinfachten Modellannahmen durch eine Schar
von sogenannten *Iso-Energiedienstleistungskurven* (IDL: Kurven mit

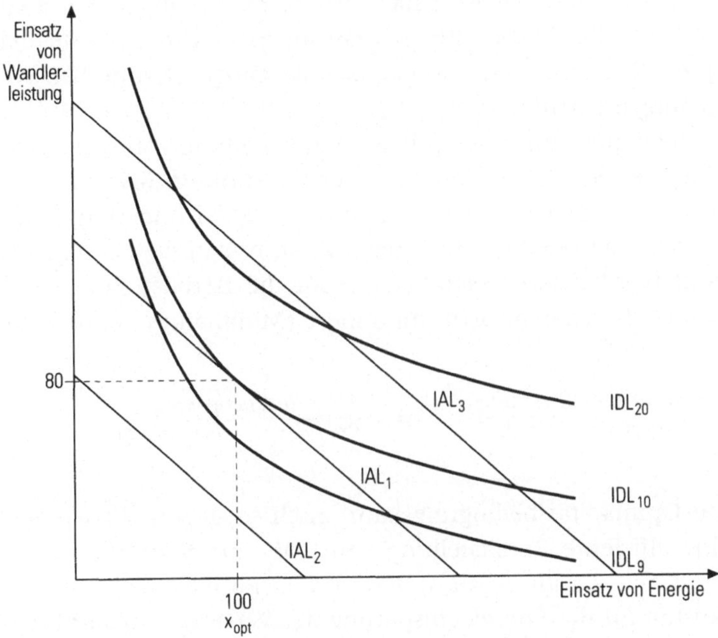



gleichem Niveau an EDL) darstellen. Punkte auf einer IDL symbolisieren Kombinationen aus Endenergie (E) und Wandlerleistung (W), die das gleiche Niveau an EDL bereitstellen können. Die Steigung der IDL zeigt jeweils an, welcher Mehreinsatz an Wandlerleistung notwendig ist, um den Energieeinsatz bei gleichen EDL-Niveau um eine Einheit zu senken.

Die Energieverbraucher müssen sich in technischer Hinsicht entscheiden, welches Niveau an EDL sie mit welcher Produktionstechnik anstreben. In ökonomischer Hinsicht wird ein idealtypischer und rational handelnder Verbraucher bei vollkommener Markttransparenz diejenige Kombination aus Wandlerleistung und Energie für ein gegebenes Niveau an EDL wählen, die mit den geringsten Gesamtkosten verbunden ist.

Zur graphischen Veranschaulichung können sogenannte *Iso-Ausgabenlinien* (IAL) herangezogen werden. Jede IAL symbolisiert dabei unterschiedliche Kombinationen aus Endenergie und Wandlerleistung, die bei vorgegebenen Preisen für Endenergie und Wandlertechniken zu denselben Ausgaben pro Periode (üblicherweise ein Jahr) führen. Ein bestimmtes Niveau an EDL wird dort mit den geringsten Gesamtkosten erreicht, wo die entsprechende IDL von der IAL tangiert wird.

Die Bedingung für eine optimale Bereitstellung von EDL lautet also, daß die technische Grenzrate der Substitution (dW/dE = die Steigung der IDL) dem Preisverhältnis zwischen Endenergie und Wandlerleistung (PE/PW) entspricht, denn nur in diesem Tangentialpunkt werden die Gesamtkosten für die Bereitstellung eines bestimmten Niveaus an EDL minimiert (Minimalkostenkombination).

$$\frac{zusätzliche\ Wandlerleistung}{eingesparte\ Energie} = \frac{Endenergiepreis}{Preis\ der\ Wandlerleistung} \quad (2)$$

Diese Optimalitätsbedingung kann auch so dargestellt werden, daß eine effiziente Bereitstellung von EDL eine Substitution von Energie durch Wandlerleistung bis zu dem Punkt erlaubt, wo die Mehrkosten für die Energieeinsparung der Verringerung der Energierechnung entsprechen:

$$zusätzliche\ Wandlerleistung \times Preis = eingesparte\ Energie \times Preis \quad (3)$$

bzw.

$$GK(W) = \frac{Zusätzliche\ Wandlerleistung \times Preis}{eingesparte\ Energie} = Energiepreis \quad (4)$$

Mit anderen Worten: Die Grenzkosten der Energieeinsparung GK (W) müssen dem Preis der Energie entsprechen. Aus (1) und (4) ergibt sich die allgemeine Effizienzbedingung für die genannten beiden Stufen der Energieumwandlung, für die Bereitstellung von Endenergie und von Energiedienstleistungen:

*Elementare Grundgleichung für die kostenminimale Bereitstellung von EDL:* (5)
*Grenzkosten der Einsparung = Grenzkosten der Erzeugung = Preis*

$$GK(W) = GK(E) = PE$$

Formal läßt sich die Minimierung der Gesamtkosten pro EDL durch folgende Ableitung darstellen: Seien A(x) die Kostenfunktion des Energieangebots und E(x) die Kostenfunktion der Energieeinsparung; die Gesamtkostenfunktion GK (x) stellt die Summe aus diesen individuellen Kostenfunktionen dar; also

$$GK\ (x) = A(x) + E(x)$$

Diese Funktion erreicht dort ihr Minimum, wo die erste Ableitung gleich Null ist, d. h.

$$GK`(x) = A`(x) + E`(x) = 0$$

oder

$$|A`(x)| = |E`(x)|$$

Das Gesamtkostenminimum aus Energieangebot und Energieeinsparung ist dort erreicht, wo die jeweiligen Grenzkosten (A`(x) sowie E`(x)) – also die Steigungen der beiden Kostenkurven dem Betrag nach (gekennzeichnet durch |...|) – gleich sind. Diese Optimalitätsbedingung entspricht der elementaren Grundgleichung, die oben bereits abgeleitet wurde.

*2.2. Graphische Darstellung der Minimalkostenbedingung*
Der simultane Optimierungsprozeß einer integrierten Ressourcenallokation („Ökonomie des Vermeidens") von Energie und Kapital (Effizienztechnologien) läßt sich graphisch dadurch veranschaulichen, daß die Kostenkurven der Energieerzeugung und von Einsparinvestitionen (bezogen auf ein bestimmtes Niveau an EDL) in ein Schaubild eingetragen werden und aus beiden die Summenkurve (die Gesamtkostenkurve) gebildet wird. Diese Summenkurve und die Minimierung der Gesamtkosten pro Energiedienstleistung bilden den grundlegenden Ausgangspunkt für das Konzept des „Least-Cost Planning" (LCP).[44] Im Sinne einer allgemeinen „Integrierten Ressourcenplanung" (bzw. „Ökonomie des Vermeidens") kann diese Darstellung jedoch auch auf den gesamten Ressourcenumsatz (Energie und Stoffströme) bezogen und als wirtschaftstheoretische Fundierung eines Markts für ökoeffiziente Dienstleistungen verstanden werden.

**Abb. 3.3**: Das Grundprinzip der „Ökonomie des Vermeidens"

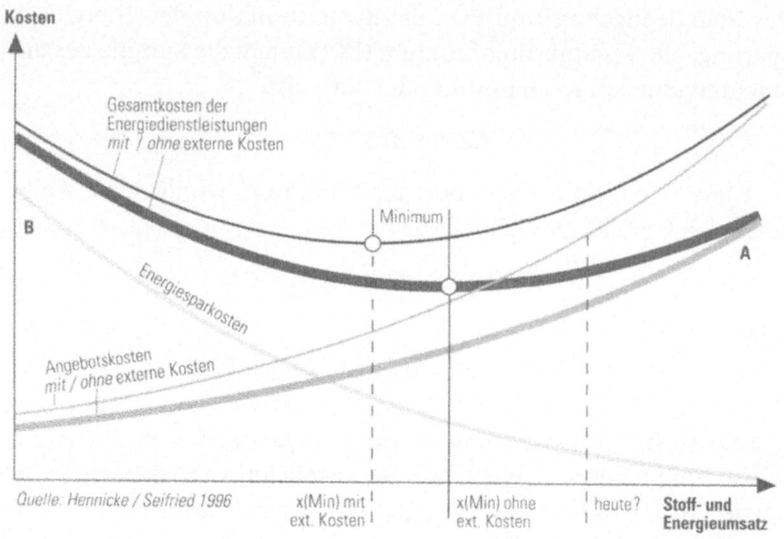

Abbildung 3.3 veranschaulicht die zentrale These, daß eine „Dematerialisierung" und „Entenergetisierung" in vielen gesellschaftlichen Bereichen volkswirtschaftlich preiswerter sein kann, als auf den derzeitigen oder auf vermehrten Einsatz von Material und Energie zu setzen. Daher würde sich durch eine Effizienzstrategie ein volkswirtschaftlicher Gewinn (Surplus) ergeben, denn der Kapitaldienst für den verstärkten Einsatz von Effizienztechnologien durch die eingesparten Material- und Energiekosten wird überkompensiert. Die Abbildung 3.3 zeigt, wie dieser volkswirtschaftliche Gewinn und die Gesamtkosten einer Vermeidungsstrategie in grober Annäherung ermittelt werden können (vgl. Hennicke 1996 und Müller/Hennicke 1994). Die Abbildung zeigt auf der X-Achse den Material- und Energieeinsatz (S) der zur Bereitstellung eines bestimmten Dienstleistungsniveaus eingesetzt werden kann. Auf der Y-Achse sind die Kosten eingetragen, die bei der Bereitstellung dieses Dienstleistungsniveaus entstehen. Die Kurve A symbolisiert die ansteigenden Kosten, wenn das Dienstleistungsniveau mit

immer umfangreicheren Stoff- und Energieverbräuchen erreicht werden soll. Als Handlungsoptionen kann man sich zum Beispiel den wachsenden Energieverbrauch für ungedämmte Häuser, schnelllebige Produkte oder verstärkten motorisierten Individualverkehr vorstellen. Die Kurve B symbolisiert die ebenfalls ansteigenden Kosten, wenn durch eine zunehmende Dematerialisierung und Entenergetisierung das gleiche Dienstleistungsniveau erreicht werden soll. Die steigenden Kosten ergeben sich dabei aus der Tatsache, daß bei verstärkter Energieeinsparung und gleicher Dienstleistung ein zum Teil erheblicher Mehraufwand für die rationellere Energieeinsparung betrieben werden muß. Technische Optionen hierfür sind energetisch optimierte Häusern (Wärmedämmung), stromsparende Geräte, langlebige und mehrfach genutzte Produkte oder auch verkehrsvermeidene städtebauliche Maßnahmen. Aus der Addition beider Kurven ergibt sich eine Gesamtkostenkurve, an deren Minimum die Gesamtkosten der Stoff- und Energiezuführung bzw. der -vermeidung auf dem volkswirtschaftlich günstigsten Niveau liegen würden. Solange der Stoff- und Energieumsatz zwischen x (heute?) und x (Min) liegt, entsteht ein volkswirtschaftlicher Gewinn und ist es lohnend, in zusätzliche Vermeidungsoptionen statt in ein erweitertes Ressourcen- und Energieangebot zu investieren.

Die Abbildung zeigt auch, daß dieses Minimum bei einer geringeren Energiemenge liegt, wenn in die Grenzkostenkurve der Erzeugung ein Teil der sogenannten „externen" Kosten[45] einkalkuliert wird. Bei Berücksichtigung des Nutzens (Schadensvermeidung) durch den Einsatz von REG ergibt sich entsprechend eine Verschiebung nach rechts.

In mathematischer Hinsicht wird das Gesamkostenminimum z.B. aus Energieangebot und Energieeinsparung dort erreicht, wo die jeweiligen langfristigen Grenzkosten – also die Steigungen der beiden Kostenkurven – dem Betrag nach gleich sind und dem Preis für Energie entsprechen (siehe oben). Diese Optimalitätsbedingung bildet daher auch die konzeptionelle Leitidee für Politiken und Maßnahmen, wie sie im Rahmen einer neuen Energiepolitik und von LCP/DSM/IRP-Aktivitäten angestrebt werden sollte.

Hinter dieser hochaggregierten graphischen Veranschaulichung stehen in der Realität komplexe Güter- und Kostenstrukturen. Für praxisrelevante Fragestellungen müssen daher vereinfachte, jeweils sektor- und akteursspezifische Analysen z.B. für Energie, Verkehr, Trinkwasserversorgung, Abfall, Abwasser etc. vorgenommen werden.[46]

Die wirtschaftstheoretische Ableitung einer kostenoptimalen Bereitstellung von EDL führt zu dem Schluß, daß alle Wettbewerbskonzepte, die nur auf „billige Energiepreise" und Intensivierung des direkten Wettbewerbs auf Endenergiemärkten zielen, nicht ausreichend sind und nur sehr eingeschränkt zur Fundierung einer effizienten Energie- und Wettbewerbspolitik taugen. Vor allem zeigt die Ableitung, warum insbesondere auf der zweiten Stufe, der Umwandlung von Endenergie in EDL (Substitutionsprozeß von Energie und Kapital), eine Vielzahl von besonders hartnäckigen Hemmnissen auftreten können. Bei der (stetigen) Substitutionsbeziehung mußte ja implizit unterstellt werden, daß der jeweilige Verbraucher (vom Industriebetrieb bis zum privaten Haushalt)

a) das komplexe Entscheidungsproblem, Endenergie durch effizientere Wandlertechnik zu ersetzen, als solches überhaupt wahrnimmt bzw. über alle relevanten Informationen verfügt, was für die große Mehrheit der Energieverbraucher (private und öffentliche Haushalte, KMU) angesichts geringer Energiekostenanteile nicht zutrifft;
b) sich nicht nur am Energiepreis, sondern an den Vergleichspreisen aller Einsparoptionen orientiert und sich nicht nur nach dem Anschaffungspreis, sondern nach den gesamten life-cycle-costs (Anschaffungs-, Betriebs-, Wartungs- und Entsorgungskosten) von Einspartechniken entscheidet; und
c) eine vollkommene Marktübersicht und Wahlmöglichkeiten nicht nur bei Endenergie, sondern bei Hunderten (in der Industrie: eher Tausende) von Einspartechniken besitzt.

In der Literatur wird für wesentliche Stromanwendungsbereiche und Querschnittstechnologien gezeigt (vgl. z.B. LCP-Hannover 1995), wie die Grenzkosten der Energieeinsparung prinzipiell operationalisiert werden können (spezifische annuitätische Lebenszykluskosten der marktbesten Technik im Vergleich zum Marktdurchschnitt) und wie mit hilfe von Angebotskurven für Einspar-

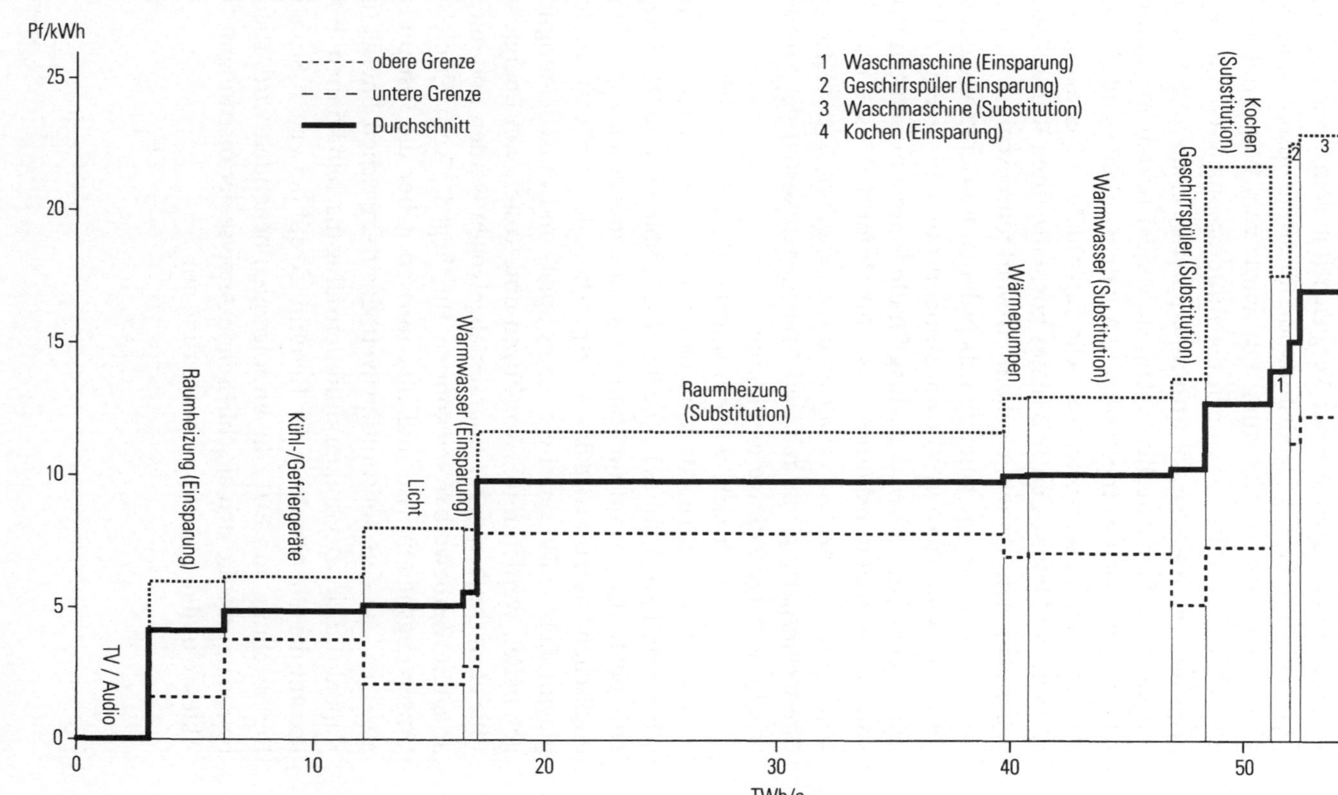


**Abb. 3.4**: Angebotsfunktion für Stromeinspar- und Substitutionspotentiale für alle Haushalte in Deutschland

potentiale ein systematischer Vergleich mit dem Endenergiepreis erfolgen kann. Eine Angebotsfunktion für Stromeinspar- und -Substitutionspotentiale (Abbildung 3.4) wurde vom Wuppertal Institut z.B. für den Haushaltssektor in der Bundesrepublik errechnet. Sie zeigt auf der Abszisse die Stromsparpotentiale, die durch jeweils marktbeste Effizienztechnologien im Vergleich zum Marktdurchschnitt vermieden werden können. Auf der Ordinate sind die damit verbundenen Zusatzkosten pro Kilowattstunde aufgetragen. Dabei werden die Mehrkosten (z.B. eines hocheffizienten Kühlschranks) gegenüber dem ohnehin gekauften Marktdurchschnitt ermittelt, annuitätisch über die gesamte Lebensdauer des Geräts verteilt und durch die eingesparten Kilowattstunden pro Jahr geteilt. Addiert man hierzu noch einen Aufschlag für die Umsetzungskosten (sogenannte Transaktionskosten z.B. für Informationsbeschaffung, Marketing, Anreize) so erhält man die gesamten Grenzkosten der Energieeinsparung, die mit den Grenzsystemkosten der Strombeschaffung verglichen werden können.

Die Frage stellt sich, wie ein solches, für die Entwicklung von funktionsfähigen EDL-Märkten wesentliches Vergleichs- und Entscheidungskalkül in der Realität für Anbieter und Nachfrager entscheidungsrelevant und handlungsleitend werden kann. In der englischen Literatur wird davon gesprochen, daß zunächst ein „level playing field" (also quasi ein reales Spiel- und Entscheidungsfeld) geschaffen werden muß, wo Nutzen und Kosten von Energie und Effizienztechniken gegeneinander abgewogen werden und miteinander in Wettbewerb treten können. Hier liegt der Kern der meisten Umsetzungshemmnisse und hier müssen daher die Instrumente ansetzen, die den Substitutionswettbewerb zwischen Energie und Kapital (Effizienztechniken) funktionsfähig machen können. Hinzu kommt die Überwindung der Hemmnisse auf der ersten Stufe der Bereitstellung von EDL, die im folgenden behandelt wird. Hierauf baut dann die die sich anschließende Analyse der Instrumente, der Akteure und der Marktsegmentierung auf.

# IV. Hemmnisse

## 1. Ineffizienzen bei der Bereitstellung von Endenergie

Die theoretische Ableitung einer Optimalitätsbedingung für den kostenminimalen Einsatz von Energie und Kapital pro Energiedienstleistung rechtfertigt selbstverständlich noch nicht die Annahme, daß in der Praxis ein funktionsfähiger direkter Wettbewerb bzw. ein Substitutionswettbewerb existiert, der im Selbstlauf in diese Richtung wirkt. Im Gegenteil: Auf beiden Stufen des Umwandlungsprozesses treten in der Realität derart gravierende und vielfältige Hemmnisse auf, daß von der These ausgegangen wird, daß nur durch staatliche Intervention und durch „Planen des Wettbewerbs"[47] eine Chance besteht, sich in der Realität diesem wirtschaftstheoretischen Optimierungsziel anzunähern. Diese These, die Einschätzung der Ursachen („Hemmnisse") von Marktversagen und insbesondere die Notwendigkeit und die Formen staatlicher Intervention zum Hemmnisabbau sind umstritten.[48] In diesem Zusammenhang kann keine umfassende Analyse von Hemmnissen und Instrumenten vorgelegt werden, sondern nur einige Schlaglichter (vor allem zu den sogenannten „externen" Kosten). Eine eingehende Detailanalyse der Hemmnisse ist hier auch nicht notwendig. Um den heuristischen Wert der wirtschaftstheoretischen Begründung von „Märkten für EDL" erkennen zu können, reicht es aus, den offensichtlich begrenzten Analysehorizont der vorherrschenden Partialanalysen und Erklärungsversuche von Ineffizienzen und Marktversagen zu zeigen.

Effizienzmängel auf der ersten Stufe (bei der Endenergiebereitstellung) können nach dieser Analyse z.B. durch Unteilbarkeiten oder langfristig fallende Grenzkosten, insbesondere aber durch drei systematische Ursachen auftreten:

1. Der Energiepreis liegt längerfristig unter den langfristigen Grenzsystemkosten.
2. Es treten im Regelfall sogenannte „externe" Effekte auf.
3. Die Nachfrager überschätzen systematisch den Wert des Energieangebots.

Der erste Fall tritt in zwei Varianten auf: Erstens dann, wenn sich ein staatlich reguliertes Strompreissystem an den Durchschnittskosten orientiert, die unter den langfristigen Grenzkosten für neue Kapazitäten liegen. Diese Situation war bisher typisch für die Theorie und Praxis der Stromtarifgenehmigung in der deutschen Elektrizitätswirtschaft. Hier kann jedoch dadurch Abhilfe geschaffen werden, daß die Durchschnitts-Kostenbildung in einem (noch) regulierten Tarifkundenbereich durch eine Orientierung an den langfristigen Grenzkosten (gegebenenfalls mit zeitvariabler Differenzierung) abgelöst wird. Eine derartige grenzkostenorientierte Strompreisbildung kann also auch durch staatliche Regulierung und im Prinzip einheitlich für alle Verbrauchergruppen sowie für alle Stufen der Elektrizitätserzeugung (also in Bezugsverträgen von Weiterverteilern wie auch gegenüber den Endverbrauchern) durchgesetzt werden.

Das Gegenargument der Deregulierungsbefürworter ist, daß bei freiem Preiswettbewerb derartige Abweichungen auf Dauer unmöglich sein werden. Es hat sich jedoch gezeigt, daß dies in der Realität zumindest im Übergangsprozeß und in Abhängigkeit vom Konzentrationsgrad sowie der realen Marktbeherrschung derzeit in Deutschland nicht der Fall ist. Es muß also zweitens auf Grund der Disparität der Marktmacht auch bei „freiem" Preiswettbewerb davon ausgegangen werden, daß solche systematischen Preisunterbietungsformen auch längerfristig im Rahmen von Marktzutrittsbeschränkungs- und Verdrängungsstrategien eingesetzt werden können.

Treten weiterhin sog. „externe" Kosten auf, so besagt die traditionelle Wirtschaftstheorie, daß diese über staatliche Intervention (z.B. Steuern, Abgaben) in die betriebswirtschaftliche Kostenrechnung internalisiert werden müssen; sonst liegen die betriebswirtschaftlichen langfristigen Grenzkosten auf Dauer unter den volkswirtschaftlichen Grenzkosten. Die Anbieter bieten dann stets mehr Energie an, als bei Berücksichtigung der volkswirtschaftlichen Kosten angemessen wäre. Die Frage ist nur, was und wie hoch sind „externe" Kosten, und wie und mit welchen gesamtwirtschaftlichen Effekten können sie internalisiert werden (siehe weiter unter 2.)?

Wenn schließlich die Verbraucher den Wert des Energieangebots systematisch überschätzen und wirtschaftliche Einsparpotentiale, die ihre Gesamtkosten senken würden, nicht realisieren, dann führt der dritte Fall ebenfalls zu einem ineffizienten Überangebot an Energiebereitstellung.

In allen genannten Fällen erhalten Verbraucher und Produzenten über einen zu geringen Strompreis falsche Informationen, d.h., der Umfang wirtschaftlich rentabler Einsparpotentiale und die volkswirtschaftlich sinnvollen Potentiale der – externe Kosten vermeidenden – Erzeugungsalternativen (z.B. also REG, und KW(K)K) werden unterschätzt. Von den Stromanbietern wird andererseits der scheinbar notwendige konventionelle Kraftwerkspark überschätzt; im Ergebnis wird zuviel und zu riskant Strom bereitgestellt.

Die beiden ersten Fälle bilden die traditionellen Ansatzpunkte für mögliche globale, über den Preis wirkende Steuerungsinstrumente (Energiesparanreize durch neue Tarifordnungen/ Grenzkostenpreisbildung; näherungsweise Internalisierung der sogenannten „externen Kosten" durch Energiesteuern/ Abgaben). Auf einen Punkt soll hier bereits hingewiesen werden (vgl. weiter unten): LCP/IRP/DSM-Konzepte und Contracting spielen hierbei eine wesentliche ergänzende und flankierende Rolle, um eine zielgruppen- und sektorspezifische Feinsteuerung zu erreichen. Die mitunter geäußerte These, daß eine Tarifreform oder die näherungsweise Internalisierung der sog. „externen Kosten" die möglichen Marktineffizienzen besser beseitigen könnten und sich von daher weitere Interventionen erübrigen würde, geht also am Kern der Sache vorbei. LCP/IRP/DSM werden für diese Fälle gar nicht als alternative, sondern als flankierende Instrumente vorgeschlagen: Je mehr die Preise eine Grenzkostenorientierung widerspiegeln und sich „der ökologischen Wahrheit" (E. U. von Weizsäcker) etwas mehr als heute annähern, desto effektiver können diese Instrumente zur Behebung der sonstigen Ineffizienzen und Hemmnisse eingesetzt werden.

Der dritte Fall – Fehleinschätzung des Energie-„werts" und Nicht-erschließung „eigentlich wirtschaftlicher Einsparpotentiale" durch die Verbraucher – bildet den zentralen Ausgangspunkt für EDL-Aktivitäten, weil globale, allein über den Preis wirkende Instrumente auf die Vielzahl der hinter dieser „Überschätzung" stehenden Hemmnisse und Marktunvollkommenheiten zu unspezifisch und teilweise überhaupt nicht (z.B. beim Mieter/Vermieter Dilemma, siehe weiter unten) wirken. Wie im Kapitel IV.3. gezeigt wird, verbergen sich hinter dieser „Überschätzung" insbesondere strukturelle Hemmnisse, die die zweite Stufe, die Umwandlung von Endenergie in EDL, d.h. also den Substitutionswettbewerb zwischen Energie und Kapital (Effizienztechniken), betreffen.

## 2. Exkurs zu den sogenannten „externen" Effekten

*2. 1. „Externe" Kosten: Systemimmanente Ursachen globaler ökologischer Krisen*

Hier wurde stets von sogenannten „externen" Kosten gesprochen, weil der wirtschaftstheoretische Begriff der „externen" Kosten im Zusammenhang mit der Diagnose und Therapie globaler Umweltkrisen (z.B. Klimaveränderungen) irreführend ist. Er suggeriert schon sprachlich und vor allem, wenn auch heute noch auf seine nur dogmengeschichtlich interessante Begründung rekurriert wird (vgl. Pigou 1994 sowie Samuelson 1998), daß der in Krisen und ökologischen Katastrophen sich vollziehende und – ohne rigorose Gegenmaßnahmen – möglicherweise in der Selbstvernichtung der Menschheit kulminierende „globale Wandel" eine äußerliche Randerscheinung des vorherrschenden kapitalistischen Welt-Wirtschafts- und Gesellschaftssystems darstellt, die mit seiner inneren Funktionslogik scheinbar in keinem ursächlichen Zusammenhang steht. Wenn es sich aber z.B. bei den sich abzeichnenden Klimaveränderungen im Trend tatsächlich um eine menschgemachte Klima-Katastrophe handeln sollte: Welchen Sinn macht es dann, eine Weltkatastrophe weiterhin zum „externen" Effekt eines „intern" intakten Wirtschaftssysstems zu definieren, wenn das Wirtschaftssystem durch die Katastrophe selbst in Frage gestellt wird? Dann reicht es offensichtlich nicht aus, daß die neoklassische Ökonomie aus dem gigantisch angewachsenen Stoffwechsel zwischen den produzierenden und konsumierenden Menschen und der Natur sich nur für den kommerziellen Ausschnitt interessiert, wo Waren produziert, gegen Kapital ausgetauscht und zirkuliert werden. Dann wird es geradezu fahrlässig, nur einer ökonomischen Doktrin zu folgen, die in ihrer Naturvergessenheit die Erschöpfbarkeit natürlicher Ressourcen, die begrenzte Tauglichkeit von Luft, Wasser und Boden als Müllkippe und die Probleme der nationalen, internationalen und intergenerationalen Verteilungsgerechtigkeit nur als zweitrangig, wenn nicht überhaupt als irrelevant betrachtet.

Wenn darüber hinaus die Internalisierung der in Geld bewerteten Katastrophe als „externe" Kosten zur Debatte steht, werden die Fragen noch grundlegender und die Antworten noch kontroverser: Können durch verbesserte staatliche Rahmenbedingungen (z.B. Steuern, Abgaben, Zertifikate) die marktwirtschaftliche Regulierung und privatwirtschaftliche Ordnung umwelt- und klimaverträglich gestaltet werden oder ist das auf Konkurrenz und grenzenlose Expansion aufbauende System der privaten Kapitalverwertung an einer „Naturschranke" angelangt? Sind die drohenden Klimaveränderungen nicht untrügliches Anzeichen dafür, daß der Industrialisierungstyp und Lebensstil des reichen Nordens nur um den Preis der Katastrophe weltweit verallgemeinerbar wäre? Läßt sich das Wachstumsmodell westlicher Prägung überhaupt noch im Sinne von „Nachhaltigkeit" (sustainability) ökologisch begrenzen?

Ohne diese Grundsatzfragen hier ausreichend beantworten zu können, wird von der These ausgegangen, daß alle Wirtschafts- und Gesellschaftsordnungen (vor allem des reichen Nordens) vor einer grundlegenden Weichenstellung stehen, wenn die Zukunftsfähigkeit der menschlichen Zivilisation bewahrt werden soll. Die reale Gefahr einer weltweiten dramatischen Klimaverschiebung ist in der Tat das Menetekel einer tiefer greifenden Krise: Der Produktions- und Lebensstil des reichen Nordens beruhte schon immer auf der Ausbeutung der natürlichen Lebensgrundlagen, der Menschen in der Südhemisphäre und zukünftiger Generationen. Aber durch die Globalität der Krise schlägt die systembedingte Maßlosigkeit in

Zukunft auch auf die Verursacher zurück. Der reiche Norden leistet sich einen Stoff- und Energieumsatz, der das Ökosystem Erde zum Kollaps brächte, wenn der arme Süden seine unabdingbare Entwicklung mit gleichem Ziel und ähnlich ausbeuterischen Mitteln betreiben würde. Eine sozial- und umweltverträgliche Neuordnung der Wirtschafts- und Gesellschaftsordnung ist daher sowohl im Norden als auch im Süden erforderlich. Dem Energiesektor kommt hierbei national wie international eine Schlüsselrolle zu.

Es ist notwendig, die sich abzeichnenden Klimaveränderungen in diesen umfassenderen sozioökonomischen und politischen Dimensionen wahrzunehmen, wenn die heute noch mögliche weitgehende Vermeidung und Eindämmung als politische Strategie Vorrang erhalten soll. Eine Selbsttäuschung über das Ausmaß einer möglichen Klimakatastrophe würde dagegen rasches Handeln sowie die notwendige Eingriffstiefe von Gegenmaßnahmen behindern und dies würde implizit auf eine Strategie mit Vorrang für Anpassung hinauslaufen.

Daß diese neue Dimension globaler ökologischer Krisen, wie z.B. Klimaänderungen, nicht mit allen Konsequenzen erkannt wird, hängt auch mit dem unzulänglichen Konzept der sogenannten „externen" Kosten zusammen. Auch der seinerzeit für den Klimaschutz durchaus progressive programmatische Beschluß der Wirtschaftsministerkonferenz vom 14./15.9.1989 spiegelt diese methodische Unzulänglichkeit und konzeptionelle Hilflosigkeit der herrschenden Wirtschaftstheorie in geradezu klassischer Weise wider: „Daß der Markt von sich aus die erforderlichen Verbrauchsreduzierungen zur Lösung des Treibhausproblems nicht bewirken kann, liegt daran, daß die mit der Nutzung fossiler Energieträger bewirkte Klimagefährdung als sog. externer Effekt nicht internalisiert wird, d.h. nicht in die Preise und Kostenrechnung einfließt. In einer solchen Situation erfordert das marktwirtschaftliche System, die Marktprozesse administrativ zu korrigieren, daß sich die Knappheitsverhältnisse (hier Klimaverträglichkeit) in den Marktpreisen widerspiegelt."

Es ist bezeichnend, daß sich die herrschende Wirtschafts- und Wettbewerbspolitik dieses für einen ausreichenden Klimaschutz zwar unzulängliche, auf der Basis der Neoklassik jedoch gut begründbare klare Votum für notwendige staatliche Interventionen in den Markt zugunsten des Klimaschutzes immer wieder in Frage stellt. In vollständiger Verkennung der ökonomischen Theorie und insbesondere des Ordoliberalismus (vgl. Renner/Hinterberger 1998) gelten für führende Repräsentanten von Politik und Wirtschaft selbst ökologisch motivierte staatliche Preiskorrekturen (z.B. durch eine Energiesteuer) als unerwünschter Dirigismus und als nicht marktkonform.

Diese vulgarisierte Verflachung der Wirtschaftstheorie nach der jeweiligen politischen Opportunität liegt aber bereits im Konzept der sogenannten externen Kosten und in der unkritischen Anwendung dieses Konzepts auf globale ökologische Krisen begründet. Wer nämlich auch heute noch davon ausgeht, die Verursachung einer Weltkatastrophe ausschließlich als „externe" Kosten und die Klimaverträglichkeit nur als ein neues „Knappheitsverhältnis" eines ansonsten intakten Wirtschaftssystems kategorisieren zu können, verfügt über keine ausreichende Diagnose und wird keine hinreichend wirksame Therapie für die noch mögliche Abwendung der Katastrophe liefern können. Das Grundkonzept seiner Gegenmaßnahmen wird allein auf Markt- und Preissteuerung mit globalen Instrumenten aufbauen, die zwar bei richtiger Ausgestaltung notwendig sind, aber bei weitem nicht hinreichend, um die Katastrophe abzuwenden. Die engen Grenzen einer solchen Politik und ihrer notwendigen Einbindung in ein Policy Mix im nationalen Maßstab ist an vielen Stellen dargestellt worden und braucht hier nicht ausgeführt zu werden (vgl. Hennicke/Seifried 1996 sowie Enquete-Kommission 1995).

Die oben bereits zitierte Wirtschaftsministerkonferenz hat die Widersprüchlichkeit einer solchen allein über den Preis steuernden Politik auch bemerkenswert klar formuliert. Unter der Überschrift: „Das ökonomische Grundproblem: Gegen die Marktkräfte steuern" heißt es, daß es heute darum gehe, „... eine ... marktentsprechende Entwicklung des fossilen Energieverbrauchs zu verhindern (!) ...". Aber nach dieser zutreffenden Einschätzung blieb die Konferenz leider erneut nur bei der Forderung nach Internalisierung der sog. „externen" Kosten stehen.

Es wird für eine globale $CO_2$-Minderungspolitik nicht ausreichen, auf internationaler, oder gar auf nur jeweils nationaler Ebene durch die Internalisierung sogenannter „externer" Kosten gegen den Weltmarkt (zu) steuern: Langfristig steht die Regulierung des Weltmarkts für die fossilen Energieträger selbst auf der Tagesordnung. Notwendig ist nicht nur eine internationale Konvention zur Festlegung der Reduktionspflichten beim Einsatz fossiler Energieträger (also die Regulierung der Nachfrage wie sie allmählich durch die Klimarahmenkonvention erfolgt), sondern auch eine weltweite, globale Regulierung des Energieangebots und eine Kompensationslösung zugunsten der Eigentümer-Länder. Hierbei allein auf die Selbststeuerungsfähigkeit des „Marktes" zu vertrauen, wäre eine Illusion.

*2. 2. Die näherungsweise Internalisierung „externer" Kosten und Nutzen: notwendig – aber nicht hinreichend!*

Bisher wurde vorrangig mit den internationalen neuen Dimensionen des Treibhauseffekts argumentiert. Mehr noch als auf der nationalen Ebene zeigt sich hier, daß die Debatte um die Internalisierung der sog. „externen Effekte" des Treibhauseffekts davon ablenken kann, daß weit umfassendere Probleme durch eine wesentlich eingriffstiefere Politik bewältigt werden müssen. Sollte daher der Versuch, wenigstens pragmatisch einen Teil der sogenannten „externen" Kosten zu erfassen, zu monetarisieren und zu internalisieren, abgebrochen werden? Hierauf muß eine differenziertere Anwort gegeben werden:

Diente die Internalisierungsdebatte der Klimaschäden nur der Begründung der Notwendigkeit und der Höhe einer $CO_2$-Abgabe, wäre sie doppelt irreführend: Zum einen steht die Idee einer Ausgestaltung einer Energiesteuer allein als $CO_2$-Abgabe im Widerspruch zum Anspruch und zur theoretischen Begründung des Internalisierungskonzepts, nämlich möglichst alle bekannten und quantifizierbaren Risiken und Schäden monetär zu bewerten. Die $CO_2$-Abgabe teilt den Kardinalfehler der herrschenden Umweltpolitik: Sie führt zur Verlagerung von Risiken und Schäden, statt sie zu vermeiden. Wer eine Risikokumulierung, -verlagerung oder -streuung tatsächlich vermeiden will, muß den gesamten Energieverbrauch durch forcierte rationelle Energienutzung absolut senken und den Restenergie-Bedarf – soweit wie technisch-wirtschaftlich möglich –

schrittweise durch regenerative Energieträger decken. Nur eine allgemeine Energiesteuer/-abgabe auf nicht erneuerbare Energieträger läßt sich auf dieses Ziel hin konsistent begründen und ist hinsichtlich der Lenkungswirkung zielführend.

Hierfür fehlt jedoch erst recht eine anerkannte Datengrundlage; dies ist aber nicht das eigentliche Problem. Denn werden die voraussichtlichen Schäden allein durch den menschgemachten Treibhauseffekt auf der Basis der heute bereits absehbaren sowie quantifizier- und monetarisierbaren Auswirkungen ermittelt, läßt sich durchaus die Hypothese aufstellen, daß bereits durch diese „Spitze des Eisbergs" eine politisch niemals durchsetzbare, prohibitiv hohe Abgabe zustande käme.[49]

Daher ist der Anspruch, den „gesamten Eisberg" zu ermitteln weder sinnvoll noch notwendig. Bereits jede noch so moderate Annäherung an die „ökologische Wahrheit" der Preise ist besser, als das derzeitige Energiepreissystem weiter hinzunehmen: Auch eine teilweise Monetarisierung (und näherungsweise Internalisierung) der Kosten des Treibhauseffekts kann in einer auf Geldgrößen und private Rentabilität fixierten Gesellschaftsordnung eine aufklärerische Wirkung entfalten.[50] Zum anderen würde davon eine, wenn auch bescheidene Lenkungswirkung ausgehen, die wenigstens einige der gröbsten Ineffizienzen auf den Märkten für EDL eindämmen würde.

Das häufig aus Wirtschaftkreisen vorgebrachte Argument, man müsse wegen der Unsicherheiten und erheblichen Bandbreitenschätzungen der sog. „externen Kosten" ganz auf deren teilweise Internalisierung verzichten, ist also nicht stichhaltig. Wenig fruchtbar ist allerdings auch der Streit um die „richtige Höhe" der externen Kosten. Würde man die teilweise Internalisierung von der Einigung über diesen Streit abhängig machen, würde diese auf den Sankt Nimmerleinstag verschoben. Einen Überblick über die Bandbreite der Schätzungen enthält z.B. der Abschlußbericht der Klima-Enquete-Kommission.

Hohmeyer geht davon aus, daß die gesellschaftlichen Kosten (gross social costs) für das deutsche Strommix zwischen 4,5 Pf/kWh und 27,8 Pf/kWh liegen, wobei die wesentlichen Determinanten von der Bewertung der sozialen Kosten von Nuklearanlagen und dem

Einsatz neuer bzw. alter fossiler Kraftwerke abhängen (Hohmeyer/
Ottinger 1991). Demgegenüber liegt der soziale Nutzen (total social
benefits) von Windkraftanlagen durchschnittlich bei etwa 15,6-16,8
Pf/kWh und bei Photovoltaik bei 19,6 Pf/kWh bis 20, 8 Pf/kWh.
Würden die Energiepreise also etwas mehr die „ökologische Wahrheit" sagen, wären nach dieser Rechnung fossile und nukleare Energien nicht mehr marktfähig. Hieran wird deutlich, daß ein deregulierter Markt aus sich heraus keine adäquate Bewertung der Energiequalität vornehmen kann, und daß es der politischen Intervention
bedarf, um einem forcierten Markteintritt von REG Geltung zu ver-
schaffen.

Insofern kann wirtschaftliches Wachstum bei entsprechendem
Anstieg der sog. „externen" Kosten netto zu ständigen Wohlstands-
einbußen führen; so heißt es in einer Prognos-Studie: „Im Ergebnis
kann die fehlgeleitete Produktion mit weit höheren Wohlstandsein-
bußen verbunden sein, als es der Verzicht auf die zusätzliche Produktion gewesen wäre" (vgl. Wolff 1993). Diese Tendenz ergibt sich
in der realen Entwickung in den OECD-Ländern, für die eine Entkopplung von BSP-Wachstum und einem umfassenden Wohlstands-
indikator (Index of Social Economic Welfare – ISEW) nachgewiesen
wurde (vgl. von Weizsäcker/Lovins 1997 und Scherhorn 1996).


## 3. Ineffizienzen bei der Umwandlung von Endenergie in EDL

Es wurde oben festgestellt: Energiesparen hat keine gesellschaftliche
Lobby, rationelle Energienutzung und Einsparpotentiale kann man,
anders als Kraftwerke, weder einweihen noch besichtigen, sondern
nur messen. Das Bauen, Finanzieren und Betreiben von Kraftwerken wird von einer überschaubaren Zahl von Personen und
Techniken bewältigt. Die kostengünstigere Bereitstellung von EDL
durch rationelle Energienutzung betrifft Millionen von Energieverbrauchern mit sehr unterschiedlicher Kapitalausstattung, Marktübersicht und Ausbildung sowie hunderttausende von möglichen
Prozessen, Gebäuden, Geräten und sonstigen Energieumwand-

lungsaggregaten. Dies sind intuitiv einleuchtende Gründe, warum der Substitutionswettbewerb zwischen Energie und Kapital (Effizienztechniken) durch staatliche Intervention erst funktionsfähig gemacht und seine besonderen Hemmnisse präzisiert werden müssen.

Die wichtigsten Ursachen für nachgewiesene Ineffizienzen auf den Märkten für Energie und Energiedienstleistungen liegen darin, daß die Verbraucher Maßnahmen der Energieeinsparung durch effizientere Energienutzung und -umwandlung, die ihre Gesamtkosten („Life-cycle-costs" für Anschaffung, Betrieb, Wartung, Entsorgung) senken würden, nicht erkennen (Informationsmängel), nicht nutzen können (Finanzierungsprobleme) oder nicht nutzen wollen (Risikoaversion; subjektiv unterschiedliche Amortisationserwartungen). Entscheidungen über Energiewandler werden in der Regel (Ausnahme: energieintensive Prozesse) auf Basis eines Vergleichs der Anschaffungskosten und nicht der „Life-Cycle-Costs" („Lebenszykluskosten" für Anschaffung, Betrieb und Entsorgung) getroffen. Dies führt zu systematischen Fehlinvestitionen in ineffiziente, nur in der Anschaffung billigere Technik mit unnötig hohen Betriebs- und Entsorgungskosten.

Weil dadurch die Nachfrage nach Energie höher ausfällt als bei einer rationelleren und wirtschaftlichen Energienutzung erforderlich ist, müssen unnötig viel Angebotskapazitäten vorgehalten werden. Im Gegensatz zu sichtbaren, d.h. zur Abdeckung von Spitzenlast nicht notwendigen Überkapazitäten ist das Auftreten dieser „verdeckten" ineffizienten Kapitalallokation beim Energieangebot nicht durch Fehleinschätzungen der Energienachfrage verursacht, sondern sie ist Folge eines nicht funktionsfähigen Substitutionswettbewerbs zwischen Energie und Kapital (Techniken rationellerer Energienutzung).

Insofern ist es nur scheinbar widersprüchlich, daß einerseits in ingenieurwissenschaftlichen Analysen ein großes, prinzipiell wirtschaftliches Einsparpotential nachgewiesen worden ist (siehe die Angebotskurve Abbildung 3.4), aber andererseits dessen Realisierung im marktwirtschaftlichen Selbstlauf nur sehr langsam („gehemmt") erfolgt. Ein wesentlicher Grund, warum eine forcierte Energiesparpolitik auf Skepsis stößt, liegt daher darin, daß die

Existenz dieser „gehemmten, aber eigentlich wirtschaftlichen" Energiesparpotentiale gerade von überzeugten Wettbewerbsvertretern bezweifelt wird. Die durch ingenieur- und wirtschaftswissenschaftliche Studien über Potentiale und Kosten von Effizienztechniken immer wieder bestätigte Erkenntnis, daß große wirtschaftliche Einsparpotentiale gegenwärtig brachliegen, stößt bei vielen schlicht auf Unglauben. Diese Skepsis hat eine mentale Ursache darin, daß „gehemmte, eigentlich wirtschaftliche" Potentiale als Widerspruch zu oder grundsätzliche Infragestellung von marktwirtschaftlichen Steuerungsmechanismen (miß-)verstanden werden. Zwar wird die Existenz umfassender technischer Einsparpotentiale heute – im Unterschied zu noch vor einigen Jahren – nicht mehr bestritten. Was im marktwirtschaftlichen Selbstlauf an Energiesparpotentialen nicht realisiert wird, kann jedoch – so ein weit verbreitetes Vorurteil – nicht wirtschaftlich sein. Wenn also gegenwärtig noch große technische Energiesparpotentiale existieren, so ein typischer Umkehrschluß, dann müssen sie unwirtschaftlich sein und können nur durch Subventionierung erschlossen werden. Auch volkswirtschaftlich vorteilhafte „Win-Win"-Potentiale (siehe weiter unten) kann es dann prinzipiell nicht geben.

Ganz im Gegensatz hierzu begründen jedoch zahlreiche Hemmnisanalysen schlüssig, warum „eigentlich wirtschaftliche, aber gehemmte Potentiale" in großem Umfange auftreten und wie durch einen kombinierten Einsatz verschiedener Instrumente (insbesondere durch LCP/IRP und Contracting, aber auch durch Energiesteuern, Standards, freiwillige Vereinbarungen, Netzwerkbildung, Energieberatung und Förderprogramme) der bisher erheblich eingeschränkte Substitutionswettbewerb zwischen Energie und Kapital (Techniken rationellerer Energienutzung) funktionsfähig gemacht werden kann. Im Mittelpunkt stehen dabei unterschiedliche subjektive Verzinsungsansprüche („Pay-back gap"; siehe unten) sowie marktstrukturelle Hemmnisse (z.B. Konzentration und Marktmacht großer Energieanbieter vs. einer Vielzahl heterogener Effizienzanbieter; Nutzer/Investor-Dilemma; stromwirtschaftliche Disparität zwischen alten und neuen Energieanbietern; fehlende Energiespar-Infrastruktur), die – ohne staatliche Gegensteuerung – zur systematischen Diskriminierung von Energiesparinvestitionen führen.

Die Erwartungen von Energieanbietern an die Amortisationszeiten ihrer Investitionen sind z.B. wesentlich länger als die der Nachfrager, die in Effizienztechnologien investieren. Diese Tatsache wird als „subjektive Disparität von Ertragserwartungen" oder auch als Unterschied der „impliziten Diskontraten" bezeichnet. In der englischen Literatur hat sich der prägnante Begriff „pay-back gap" durchgesetzt.

Kraftwerksbetreiber waren es bisher gewohnt, mit langen Planungs- und Bauzeiten und mit Amortisationszeiten von 15 bis 25 Jahren zu operieren.[51] Aus vielen empirischen Untersuchungen ergibt sich dagegen, daß die Industrie bisher mit Amortisationserwartungen zwischen maximal drei und fünf Jahren (heute tendenziell ein bis zwei Jahre) kalkuliert. Das Investitionsverhalten von Haushalten entspricht bei Haushaltsgeräten einer Amortisationszeit von einem Jahr oder weniger. Haushalte sowie Handwerks- und Kleinbetriebe sind ohne Anleitung häufig überhaupt nicht in der Lage „Gestehungskosten", Amortisationszeiten und Lebenszykluskosten von Maßnahmen rationellerer Energienutzung zu kalkulieren und mit Energiebezugskosten zu vergleichen. Denn hierfür müßte ein Gesamtkostenvergleich zwischen Varianten (Anschaffungspreis plus Betriebs- und Wartungskosten plus Entsorgungskosten) vorgenommen werden, für den einem Durchschnittsinvestor sowohl die Methodik als auch die Daten in der Regel nicht zur Verfügung stehen. Bei Investitionen im öffentlichen Sektor ergeben sich schließlich aus haushaltsrechtlichen Gründen (siehe unten) zusätzliche Hemmnisse bei der Finanzierung auch sehr wirtschaftlicher Energiesparmaßnahmen.

Rechnet man diese unterschiedlichen erwarteten Amortisationszeiten (bei einer angenommenen technischen Lebensdauer einer Effizienztechnik von 10 Jahren) in die damit implizit geforderten Ertragserwartungen („implizite oder subjektive Ertragsraten") um, dann ergeben sich die folgenden durchschnittlichen Renditen:

- beim Kraftwerksbetreiber von etwa 8 Prozent.
- bei der Industrie von über 30 Prozent.
- bei privaten und öffentlichen Haushalten von über 100 Prozent.

**Abb. 4.1**: Interne Verzinsung als Funktion von erwarteter Amortisationszeit und Lebensdauer.

| | Anlagennutzungsdauer | | | | | | | |
|---|---|---|---|---|---|---|---|---|
| Jahre | 3 | 4 | 5 | 6 | 7 | 10 | 12 | 15 |
| 2 | 24% | 35% | 41% | 45% | 47% | 49% | 50% | 50% |
| 3 | 0% | 13% | 20% | 25% | 27% | 31% | 32% | 33% |
| 4 | | 0% | 8% | 13% | 17% | 22% | 23% | 24% |
| 5 | | | 0% | 6% | 10% | 16% | 17% | 19% |
| 6 | | | | 0% | 4% | 11% | 13% | 15% |
| 8 | | | | | | 5% | 7% | 9% |

*(Zeile links: erwartete Amortisationszeiten; in der Grafik: „unrentabel")*

1) Unterstellt wird eine kontinuierliche Energieeinsparung über die gesamte Anlagennutzungsdauer

Abgeschnittene rentable Investitionmöglichkeiten bei einer maximal 4-jährigen Amortisationszeit.

Quelle: Fraunhofer-ISI, 1995

Bei gegebener technischer Lebensdauer einer Wandlertechnik läßt sich generell eine formale mathematische Beziehung zwischen der Rückzahlungserwartung („Pay back time" in Jahren) und der internen Verzinsung („implizite oder subjektive Ertragsrate" in Prozent) formulieren.[52] Die Abbildung 4.1 zeigt, daß bei einer unterstellten technischen Lebensdauer einer Wandlertechnik von zehn Jahren und einer Rückzahlungserwartung von ein bis zwei Jahren (wie in der Industrie im Kerngeschäft derzeit durchaus üblich) ein großer Bereich von Investitionen „abgeschnitten" wird, deren Ertragsrate weit höher liegt als die langfristige Umlaufrendite festverzinslicher Wertpapiere (von vielleicht 6 bis 7 Prozent nominal). Gerade bei Hilfs- und Nebenaggregaten bzw. bei energiesparenden Querschnittstechnologien (z.B. vom Produktionsprozeß relativ unabhängige Beleuchtungs-, Druckluft-, Antriebs- und Pumpensysteme) führt es daher zu irrationalen Investitionsentscheidungen, wenn sie im Rahmen eines Investitionsgesamtbudgets nach den gleichen Amortisations- und Risikokriterien beurteilt werden, wie im Kerngeschäft (siehe unten).

Die Abbildung 4.2 verdeutlicht die Konsequenzen hinsichtlich
des subjektiv als „wirtschaftlich" eingestuften Einsparpotentials.
Deutlich wird, daß z.B. bei einer Amortisationserwartung eines
Industrieunternehmens von drei Jahren und einer technischen
Lebensdauer von zehn Jahren (entspricht einer „internen" Verzinsung von 30 Prozent) bei einem Preis von $P_0$ nur etwas mehr als
3 Prozent des bestehenden Energiesparpotentials ausgeschöpft wird.
Würde dagegen mit einer üblicheren Verzinsung von 10 Prozent
(entsprechend einer Amortisationszeit von sechs Jahren) kalkuliert,
dann könnten – ohne eine Erhöhung des Energie-Leitpreises $P_0$ –
etwas mehr als 18 Prozent des Einsparpotentials realisiert werden.
Umgekehrt müßte der Leitpreis $P_0$ – z.B. durch eine Energiesteuer –

**Abb. 4.2**: Abhängigkeit des wirtschaftlichen Potentials von den subjek-
tiven Verzinsungsansprüchen: Der Effekt der pay-back gap auf die -
Angebotskurve wirtschaftlicher Energiesparmaßnahmen. Technische
Nutzungsdauer mit 10 Jahren angesetzt.

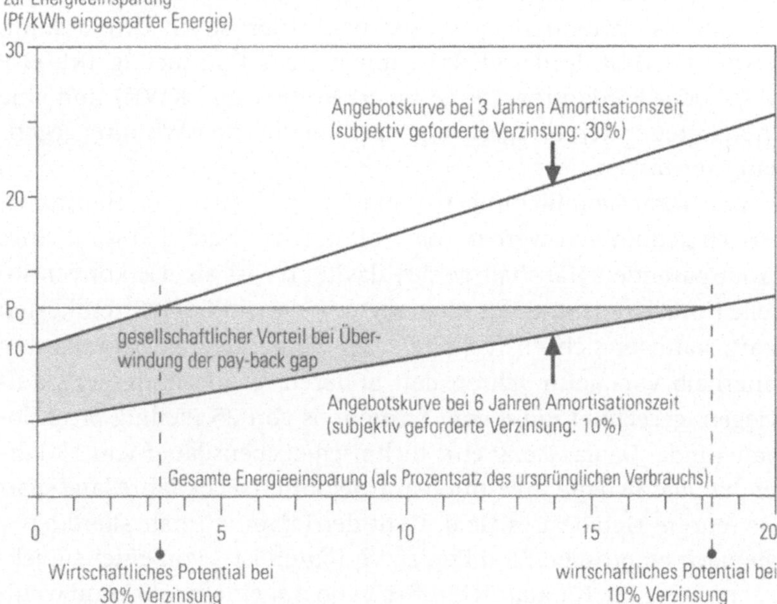

mehr als verdoppelt werden, damit ein Industrieinvestor bei drei Jahren Amortisationserwartung das gleiche Einsparpotential realisieren würde.

Die Abbildung verdeutlicht also, daß mehr Energieeinsparung prinzipiell zwar auch durch die Erhöhung des Energiepreises, aber insbesondere durch Senkung der impliziten Ertragsrate erreicht werden kann. Die Wirkung des letzteren Instruments ist, wie am Schaubild ablesbar, wesentlich größer als die einer Preiserhöhung. Grundsätzlich wird hieraus erkennbar, daß EDL-Aktivitäten in der Industrie eine um so höhere Effizienz und Synergiewirkung entfalten können, je mehr es dadurch gelingt, die implizite Ertragsrate zu senken (Krause 1994). Oder anders ausgedrückt: Alle Maßnahmen und Akteure, die darauf hinwirken, mit möglichst geringen (zusätzlichen) Transaktionskosten diese „gehemmten, aber eigentlich wirtschaftlichen" Potentiale zu erschließen sind Elemente eines funktionsfähigeren EDL-Marktes, die gefördert werden sollten. Gelingt es, bei bisher „risikokritischen" Investoren, die „interne" Ertragsrate auf eine marktübliche Verzinsung zu senken, dann braucht über den Preis (z.B. durch eine Energiesteuer) kein starker zusätzlicher Anreiz gegeben werden, damit ein bisher „gehemmtes, eigentlich wirtschaftliches" Potential erschlossen wird. Dies ist ein Grund dafür, warum sich EDL-fördernde Instrumente (z.B. Contracting, IRP/LCP /DSM oder Förderprogramme für REN, REG und KWK) und eine Energiesteuer hervorragend ergänzen und in ihrer Wirkung gegenseitig verstärken.

Zur Veranschaulichung soll ein Beispiel aus dem Haushaltsbereich genommen werden: Ein Verbraucher plant den Kauf eines stromsparenden Haushaltsgeräts, das teurer ist als das konventionelle Konkurrenzprodukt. Da er aber mit diesem Gerät Stromkosten spart, kann er sich ausrechnen, daß die geringeren Stromkosten innerhalb von neun Jahren den höheren Anschaffungspreis aufwiegen, gerechnet mit einem Strompreis von 25 Pfennig pro Kilowattstunde. Da das Gerät eine technische Lebensdauer von 15 Jahren hat, hat sich die Investition also gelohnt – sechs Jahre lang spart das teurere Gerät bares Geld. Geht der Privathaushalt allerdings – wie nach empirischen Studien zu vermuten ist – von einer subjektiv erwünschten Kapitalrückflußzeit von nur einem Jahr (und weniger) aus, müßte der Strompreis rund 2,25 DM betragen, damit sich die gleiche Investition rechnet.

Eine derartige hohe Energiesteuer wird aber niemand ernsthaft zur Überwindung des „pay-back gap" ins Auge fassen. Ein energiepolitischer Kernpunkt vieler EDL-Aktivitäten ist daher die Erwartung, daß „gehemmte wirtschaftliche Potentiale" effizienter durch geeignete zielgruppenspezifische Förder-, Anreiz- und Informationsprogramme von den jeweiligen Investorengruppen selbst oder durch Dritte (LCP-praktizierende EDU, Contracting-Unternehmen; Betreibergesellschaften etc.) mit betriebs- und volkswirtschaftlichem Nutzen realisiert werden können. Dann reicht eine nur moderate Steuer zur weiteren marktwirtschaftlichen Flankierung von Energiesparinvestitionen aus.

Es ist also davon auszugehen, daß hinter den empirisch ermittelten „subjektiven" Disparitäten der Amortisationserwartungen bei den jeweiligen Akteursgruppen nur zum geringeren Teil unterschiedliche Risiken oder andere reale, aber nicht unmittelbar sichtbare Kostenunterschiede (sogenannte „hidden costs") liegen. Die kurzen Pay-Back-Anforderungen in der Industrie resultieren z.B. aus dem betriebsinternen „capital budgeting" (Vorrang für Investitionen für den eigentlichen Betriebszweck), aus Prioritätensetzung beim Einsatz von Managerzeit, aus institutionellen Barrieren in der Betriebshierarchie und aus generellen Know-How- und Informationsmängeln. Industrieinvestoren übertragen ihre Risikoeinschätzung und kurzen Pay Back-Erwartungen aus dem Kerngeschäft auch auf Energiesparinvestitionen, so daß – gerade bei verschärftem Wettbewerb im Kerngeschäft – auch die eigentlich hocherwünschte kostenentlastende Wirkung von rentablen Effizienzinvestitionen aus dem Blickfeld gerät.

Die Risiken von Effizienzinvestitionen in Hilfs- und Nebenaggregate sowie in Querschnittstechnologien (z.B. Beleuchtung, nicht prozeßintegrierte elektrische Antriebe, Druckluft, Klima- und Kältetechnik) sind aber im Regelfall nur dem weit geringeren Konkursrisiko des Gesamtunternehmens und nicht dem Absatzrisiko von Einzelprodukten ausgesetzt. Man kann daher prinzipiell davon ausgehen, daß bei Querschnittstechnologien durch einen zielgruppenspezifischen Instrumenteneinsatz oder durch Drittinvestoren mit spezialisiertem NEGAWatt-Know-How Informations-, Kapitalbeschaffungs-, Transaktions-, Anpassungs- und Risikokosten erheblich gesenkt werden können.

# V. Energie- und wettbewerbspolitische Folgerungen

Zusammenfassend können also also „Märkte für EDL" dadurch charakterisiert werden, daß auf allen Ebenen des Energiesystems

- die begrenzte Sichtweise eines isolierten Partialmarkts um Endenergie und des direkten (Preis-) Wettbewerbs allein zwischen Endenergieanbietern überwunden und die faktischen Interdependenzen zwischen Energie und anderen Märkten berücksichtigt werden;
- ein Abwägungs- und Entscheidungsprozeß nicht nur zwischen Energieträgern oder verschiedenen Stromanbietern, sondern zwischen allen Formen von Energie und effizienterer Wandlertechnik stattfindet;
- das jeweils spezifische Niveau an Energiedienstleistungen mit den geringsten volkswirtschaftlichen Gesamtkosten (Energiezuführung plus externe Kosten plus Amortisation der Investitionen in die Wandlertechnik) angestrebt wird;
- die spezifischen Hemmnisse auf der Ebene der Endenergiebereitstellung, aber insbesondere auch bei der Umwandlung von Endenergie in EDL abgebaut werden, damit ein selbstregulierender direkter Wettbewerb und Substitutionswettbewerb zwischen Energie und Kapital (effizienterer Wandlertechnik) stattfinden kann;
- staatliche Rahmenbedingungen und neue Anreizstrukturen geschaffen werden, daß es sich nicht nur für Verbraucher, sondern auch für Energieanbieter lohnt, vorrangig in REN-Techniken zu investieren, solange die Gesamtkosten der Energieeinsparung pro Kilowattstunde geringer sind als die Stromsystemkosten.

Aus dieser Konzeptualisierung eines Markts für EDL und der spezifischen Hemmnisanalyse ergeben sich bedeutsame energie- und wettbewerbspolitische Folgerungen wie der direkte und Substitutionswettbewerb funktionsfähiger und gleichzeitig (umwelt-)zielorientierter gestaltet werden kann:

1. Die bei klimapolitischen Diskussionen und makroökonomischen Studien (z.B. neoklassisch orientierte Top-Down- bzw. Gleichgewichtsmodelle) häufig vorausgesetzte Annahme, daß in der Realität bereits ein Gesamtkostenminimum (siehe Abbildung 3.3) erreicht sei und daher eine weitere Energieeinsparung von diesem Minimum fortführen und zusätzliche Kosten verursachen würden, muß zurückgewiesen werden; denn bei dieser nur scheinbar marktwirtschaftlichen Sichtweise wird unreflektiert die unvollkommene Realität mit dem marktwirtschaftlichen Idealmodell gleichgesetzt. Aus evaluierten Energiesparprojekten sowie aus zahlreichen ingenieurwissenschaftlichen Branchen- und Regionalstudien läßt sich vielmehr ableiten, daß x(Klima) und x(Min) in Abbildung 3.3 tendenziell nahe beieinander liegen und daß eine forcierte Energiespar- und Klimaschutzpolitik über weite Strecken vom heutigen nichtoptimalen Energieverbrauch „X (heute)?" ohne Einschränkung des Niveaus an EDL zum Least-Cost-Minimum hinführen würde. Eine derartige Klimaschutzpolitik durch Mobilisierung kosteneffektiver Einsparpotentiale ist daher volkswirtschaftlich nicht mit Nettokosten, sondern mit Nettogewinnen verbunden. Der IPCC-Bericht (1995) der Working Group III schätzt diese „No Regret" Optionen (nach näherer Analyse zu skeptisch!) auf 10-30 Prozent des Energieverbrauchs in den industrialisierten Ländern. Der Kernpunkt einer realwirtschaftlichen Analyse sollte daher darin bestehen, Markthemmnisse und Gründe für Marktversagen systematisch aufzuspüren, Instrumente zur Überwindung dieser Hemmnisse anzugeben und dadurch die Funktionsfähigkeit von Märkten und die Umsetzungschancen für Win-Win-Optionen zu verbessern.

2. Ein Plädoyer für die Etablierung von EDL-Märkten und für die Orientierung an einem erweiterten Wettbewerbskonzept (Substitutionswettbewerb um volkswirtschaftlich preiswürdige EDL)

schließt selbstverständlich mit ein, daß Ineffizienzen auf der Ebene des Energieangebots auch mit Mitteln des direkten Wettbewerbs überwunden werden sollten. Wie oben gezeigt, spielt bei der Beurteilung der realen Wirkungen von direkten Wettbewerbsmodellen jedoch eine entscheidende Rolle, ob erstens wenigstens elementare Voraussetzungen (z.B. diskriminierungsfreie Durchleitung) für einen funktionsfähigen Wettbewerb – trotz der erheblichen Konzentration des Energieangebots und der marktbeherrschenden Stellung der wenigen monopolartigen Anbieter – geschaffen werden können. Für eine realitätsnahe Energie- und Unternehmenspolitik ist zweitens eine offene Frage, ob und mit welchen konkreten Mitteln die Effizienz der Endenergiebereitstellung im Sinne eines funktionsfähigen direkten Wettbewerbs auf de facto vermachteten Märkten verbessert werden kann. Insbesondere fragt sich, ob das erwünschte Ergebnis der Effizienzsteigerung auf der ersten Stufe, die sinkenden Preise, die Umwandlung von Endenergie in EDL unter den realen monopolistischen oder oligopolistischen Marktbedingungen noch mehr als bisher erschweren; denn es ist trivial, daß der Anreiz zum Energiesparen bei sinkenden Preisen geringer wird.

Notwendig ist offenbar ein energiepolitisches Instrumentenmix, das sowohl den direkten Wettbewerb zur Effizienzsteigerung beim Energieangebot nutzt als auch gleichzeitig die weit darüber hinausgehenden Kostensenkungspotentiale durch Energieeinsparung mobilisiert.

3. Selbst eine theoretisch effiziente Form der Endenergiebereitstellung (von der das deutsche Energiesystem weit entfernt ist) ist, wie gezeigt, nur notwendige, aber keineswegs hinreichende Bedingung für eine effiziente Energienutzung; hierfür muß gelten, daß der herrschende Energiepreis nicht höher ist, als die gesamten Grenzkosten der Einsparung. Eine nur „möglichst billige" Energieerzeugung (wie sie z.B. der deutschen Energie- und Preisaufsicht sowie der kartellrechtlichen Mißbrauchsaufsicht als Entscheidungskriterium, aber auch dem EU-Binnenmarktkonzept zugrunde liegt) führt solange zu einer Fehlallokation von Kapital und zum Aufbau ineffizienter Überkapazitäten, solange es

unerschlossene billigere Energieeinsparmöglichkeiten gibt; denn
solange die Grenzkosten der Energieeinsparung geringer sind als
die Grenzsystemkosten der Energiebereitstellung, senken Investitionen in NEGAWatt die Gesamtkosten (aus Energieeinsparung
und -zuführung).

Mit Blick auf die Minimierung der Energierechnung für den
Verbraucher, für eine Region oder für eine ganze Volkswirtschaft
ist es demnach immer rationaler, solange in NEGAWatt zu investieren, wie die Grenzkosten von NEGAWatt geringer sind als der
Preis (genauer: die langfristigen Grenzsystemkosten) für Energie.

4. Hieraus ergeben sich wichtige Implikationen für die Entwicklung
und Segmentierung von Märkten für EDL, für die Unternehmensziele und den Aktionsradius bereits vorhandener bzw. für
den Marktzutritt neuer Akteure und für das energiepolitische
Instrumentarium zur Regulierung der leitungsgebundenen Energiewirtschaft. Die ordnungspolitische Kernfrage ist dabei, welche
Akteure (Akteursgruppen) die beste Gewähr dafür bieten, daß die
Umwandlung von Primärenergie in EDL mit den geringsten
Kosten erfolgt. Implizit steckt hierin auch die Teilfrage, wie und
durch welche Akteure die Transaktionskosten bei der Erschließung von Einsparpotentialen minimiert werden können. Die Antwort muß für Strom, Erdgas, Fernwärme oder Öl jeweils differenziert gegeben werden, aber die Grundsatzfragen stellen sich bei
allen Energieträgern, wie auch generell bei der Bereitstellung
ökoeffizienter Dienstleistungen, methodisch in der gleichen Form:
Wie und von welchem Akteur kann der Nutzen (die Funktion),
um die es dem Verbraucher prinzipiell geht, möglichst effizient,
kostengünstig und umweltschonend bereitgestellt werden? Soll
dies der Anbieter von Energie (bzw. des Produkts, mit dem der
Nutzen verbunden ist), soll dies ein Dritter (z.B. ein Contractor),
sollen dies Kooperationen von Anbietern (z.B. koordiniert durch
einen Generalunternehmer) oder soll dies der Endverbraucher
selbst oder als Joint Venture mit Dritten realisieren? Hierauf gibt
es noch keine abschließenden Anworten, sondern es besteht ein
enormer Forschungsbedarf. An der Beantwortung dieser akteurs-
und wettbewerbsbezogenen Grundsatzfragen wird sich ent-

scheiden, ob überzeugende Einzelbeispiele wie „Faktor 4" (E. U. von Weizsäcker) tatsächlich auch zu einer marktwirtschaftlich erfolgreichen Strategie werden können.

5. Bezogen auf den Stromsektor wird im folgenden von der Annahme ausgegangen, daß der überwiegende Teil der Tarifkunden (mit Ausnahme der gewerblichen Bündelkunden) noch für einige Jahre auch bei verschärftem direkten Wettbewerb nur selten den Lieferanten wechseln und auch weiter der staatlichen Tarifaufsicht unterliegen wird. Grundsätzlich können dann drei Hauptsegmente auf einem Markt für stromspezifische EDL unterschieden werden:

a) Ein Markt für standardisierbare „Massenpotentiale"
Hierzu gehören alle haushaltsorientierten Dienstleistungen in Verbindung mit Haushaltsgeräten, Beleuchtung, Wärme- und Warmwasserbereitung sowie teilweise auch produktive Funktionen bei gewerblichen Kunden in Verbindung mit „Querschnittstechnologien"; dazu zählen z.B. Beleuchtung, Pumpen, elektrische Antriebe, Druckluft, Lüftung, Klimatisierung, die bei vielen Akteursgruppen sowie in typischen Standardanwendungen vorkommen.

b) Ein Markt für kundenspezifische Systemlösungen
Hierzu zählen alle anderen, nicht standardisierbaren stromspezifischen Dienstleistungen insbesondere bei der Industrie und in prozeßintegrierten Anwendungen. In vielen Fällen kommt es auch bei den Querschnittstechnologien darauf an, ein System (z.B. Pumpen, Antriebe) durch integrale Planung und Regelung zu optimieren.

c) Einen Markt für neue Anbieterkonzepte und Kooperationslösungen
Dieser Markt ist eng mit den nachfrageseitigen EDL-Konzepten von b) verbunden, betrifft aber vor allem technologisch (Gas-GuD-Anlagen) und organisatorisch neue Angebote (z.B. Outsourcing, Anlagen-Contracting, IPPs) und Kooperationslösungen (z.B. Kraft-Wärme/Kälte-Koppelung zusammen mit anderen Betrieben, IPPs, EVU).

Darüber hinaus wird es eine erhebliche Marktsegmentierung innerhalb der bisher relativ homogenen Preisstrukturen für Haushalts- und Gewerbe-Tarifkunden, für Norm-Sondervertragskunden und den eigentlichen Sonderverträgen für Großkunden geben. Zunächst ist davon auszugehen, daß die Wettbewerbsintensität und Wechselbereitschaft der Kunden in der angegebenen Reihenfolge zunimmt. Weiterhin wird die Bündelung von Kundengruppen[53], die Vielfalt der „Öko-Strom"-Angebote, die rasch zunehmende Zahl von Stromhändlern und die diversifizierte Angebotspalette von alten und neuen EDU zu einer erheblich differenzierten Kundensegmentierung beitragen. Trotz des oben angesprochenen Paukenschlags bei der Eröffnung des „Privatkunden-Wettbewerbs" durch die RWE Energie AG und Yello-Strom ist aber zu vermuten, daß zukünftig bei vereinfachten Abrechnungs- und Kündigungsverfahren sowie mehr Markttransparenz ein häufiger Lieferantenwechsel im Privatkundenbereich eher die Ausnahme als die Regel sein wird. Denn die Anfangsschlacht um eine Neuaufteilung des Privatkundenmarkts wird auch deshalb mit besonderer Intensität und Kampfpreisen ausgefochten, weil die Wechselbereitschaft später bei bereits abgesenkten Strompreisen immer geringer werden wird. Zukünftig neue Kunden hinzuzugewinnen wird also für die EVU teurer als ihren Kundenstamm jetzt durch eine Offensive zu erweitern.

Nicht überraschend haben Umfragen bei industriellen Stromkunden gezeigt, daß der Preis und die Qualität der Versorgung (Versorgungssicherheit; Netzstabilität) derzeit entscheidende Wettbewerbsparameter darstellen (vgl. Löbbe/Kalny 1997).[54] Das „Angebot von Dienstleistungen" und die „Kompetenz der Beratung" werden demgegenüber weniger wichtig eingeschätzt. Diese besondere „Preisfixierung" ist deshalb nicht überraschend, weil die Kunden (bzw. die EVU) eine Stromkostensenkung (bzw. Erlösminderung) faktisch mit Strompreissenkung gleichgesetzt haben. EVU waren oft genug vorrangig damit beschäftigt, durch Preisunterbietung die ungeliebte Konkurrenz der industriellen Eigenerzeugung vom Markt zu drängen. Erst in jüngster Zeit wird – unter dem Druck des Wettbewerbs und als Strategie zur Kundenbindung – auch eine proaktivere EDL-Geschäftspolitik einiger

EVU/EDU erkennbar, die auf die Senkung der Energiesystemkosten, z.B. durch Contracting- und REN-Angebote beim Kunden
zielen. Insofern betonen auch die Autoren der Arthur D. Little
Befragung: „Beratungs- und Dienstleistungsangebote werden
ihren Markt finden, wenn und solange sie wirklich wertschöpfend
für die Kunden und für das EVU sind" (ebenda, S. 33). Dies wird
auch dadurch belegt, daß Strom bisher nur als homogenes Produkt (ohne Preis-Leistungs-Differenzierung) wahrgenommen
wird, 64 Prozent der befragten Unternehmen sich ein Outsourcing
„bestimmter Energiedienstleistungen ihres Betriebes hinter dem
Zähler (also etwa den Betrieb eines Werknetzes oder der Trafo-
station)" (ebenda, S. 35) vorstellen können und Kooperationslösungen („mehr oder weniger dezentral") „eindeutig Vorrang
erhalten": „Insgesamt halten es ca. 65 Prozent der befragten
Unternehmen für möglich, ohne wesentliche Beteiligung des
ELVU auf eine „eigene" Stromversorgung (also komplette Eigenerzeugung, Eigenerzeugung zusammen mit IPP, Verbundlösung
oder den Strombezug vom Händler) umzustellen" (ebenda,
S. 35).

6. Da es bisher in allen deregulierten Modellen einen öffentlich regulierten Bereich gibt, folgt hieraus: Wenn die Grenzkosten der
   Energieeinsparung geringer sind als die Grenzsystemkosten der
   Energiebereitstellung, sollten Energieanbieter durch die staatlichen Rahmenbedingungen Anreize erhalten, diese NEGAWatt-
   Optionen systematisch mitzuerschließen. Denn es ist prinzipiell
   ökonomisch vertretbar und effizient, die dadurch anfallenden
   Kosten über die Preise an die Kunden gewinn-neutral weiterzugeben, statt neue und spezifisch teurere Kraftwerke zu bauen,
   solange die Energierechnung für alle Kunden dadurch gesenkt
   werden kann. Dieser Grundsatz gilt auch dann, wenn die Preise
   dadurch moderat steigen. Wie gezeigt wurde, ist nicht die Minimierung der Preise pro Kilowattstunde Endenergie, sondern die
   Minimierung der Gesamtkosten aus Energiezuführung und Energieeinsparung das entscheidende Effizienzkriterium für ein
   Gesamtoptimum zwischen Endenergie und rationeller Energienutzung (Kapitaleinsatz für Wandlerleistung).

Der Strompreis steigt bei der umlagefinanzierten Weitergabe der Kosten von kosteneffektiven Energiespar-Programmen (Nutzen/ Kosten-Verhältnis größer als eins), nicht wegen mangelnder Effizienz oder Ausnutzung einer marktbeherrschenden Stellung des Monopolisten, sondern aus drei Gründen:

- die entgangenen Erlöse pro Kilowattstunde können nur in seltenen Fällen (z.B. bei Spitzenlastabbau oder bei Substitutionsprogrammen) durch die langfristig vermiedenen Grenzsystemkosten der Strombeschaffung (bzw. zusätzliche Gas- oder Fernwärmeerlöse) überkompensiert werden;
- kurz- und mittelfristig unveränderbare Fixkosten der Erzeugung und Verteilung müssen daher auf eine (infolge der Energieeinsparung) geringere Absatzmenge verteilt werden;
- die Umsetzung von LCP-Programmen verursacht Programmkosten bzw. führt zu höherer Wertschöpfung (z.B. für Energieberatung, Consulting, Marketing).

Dieser Zusammenhang wird nachfolgend in vereinfachter Form dargestellt:

Beim EVU entsteht ein finanzieller Nutzen durch die vermiedenen Kosten der Strombereitstellung. Dem stehen gegenüber die Kosten der LCP-Stromsparprogramme (Prämien oder direkte Leistungen sowie Umsetzungskosten) einerseits und der verminderte Stromabsatz andererseits. Damit ein LCP-Programm für das EVU betriebswirtschaftlich rentabel wird, muß es also mindestens einen Ausgleich für die LCP-Programmkosten sowie für die Differenz aus verminderten Erlösen und vermiedenen Kosten der Stromversorgung erhalten. Für diesen finanziellen Ausgleich gibt es zwei prinzipielle Möglichkeiten. Er kann bei größeren Einzelprojekten entweder erfolgen über eine individuelle Abrechnung der Einsparleistung mit dem Kunden, der von ihr profitiert. Dies ist zum Beispiel bei Contracting-Projekten der Fall. Oder er kann bei ganzen Kundengruppen über eine Preisanpassung vorgenommen werden, um beispielsweise die Kosten eines Prämienprogramms abzudecken. LCP-Programme, die überwiegend elektrische Arbeit einsparen, werden in der Regel zu einer moderaten Erhöhung der Preise führen. Sofern jedoch die Kosten eingesparter Energie geringer sind als die langfristig vermiedenen Grenzkosten der Strombereitstellung (s.o.), werden LCP-Stromsparprogramme die Gesamtkosten der Bereitstellung von Energiedienstleistungen senken. Nicht ein niedriger Preis, sondern die niedrigsten Gesamtkosten für den Kunden sind daher der Maßstab für ein effizientes und kundenorientiertes EDU. Der Strompreis eines EVU kann durch effektive Stromsparprogramme steigen, im Durchschnitt gewinnen trotzdem alle Kunden. Die Zahlenwerte dienen nur dazu, den Sachverhalt zu veranschaulichen. Das Beispiel ist insoweit vereinfacht, als Konzessionsabgabe und Gewinn weggelassen sind.

Abbildung 5.1 zeigt zwei Entwicklungsalternativen auf Basis der Ausgangssituation: Ein erwarteter Lastzuwachs von 10 Prozent kann entweder auf herkömmliche Art erzeugt und verteilt werden (Szenario Zuwachs) oder durch LCP-Programme weggespart werden (Szenario LCP). Die Gegenüberstellung verdeutlicht: Ohne Preiserhöhung macht das EVU im Szenario LCP einen Verlust von 0,1 Mio. DM, denn Kosten von 2,1 Mio. DM stehen Einnahmen von 2,0 Mio. DM gegenüber. Es hat also einen starken Anreiz gegen die Umsetzung der LCP-Programme. Mit Preiserhöhung auf 21 Pf/kWh entfällt dieser negative Anreiz des EVU. Dennoch haben die Kunden immer noch einen Vorteil von 0,1 Mio. DM gegenüber dem Szenario Zuwachs: ihre Rechnung beträgt 2,1 anstatt 2,2 Mio. DM.

Solange also alle EVU/EDU mit vergleichbarem Aufwand und Effektivität ähnliche umlagefinanzierte LCP-Programme wie in Abbildung 5.1 durchführen, werden keine gravierenden Wettbewerbsverzerrungen auftreten und die spezifischen Preise verlieren als Vergleichsparameter für die Leistung eines EDU an Aussagekraft. Vielmehr konkurrieren die EDU jetzt nicht nur um eine effiziente Erzeugung, sondern auch um die möglichst kosteneffektive Durchführung von Energiesparprogrammen.

Es ist demnach möglich, daß in den überdurchschnittlich hohen Preisen eines EDU im Gebiet A seine besonders intensiven Einsparaktivitäten zum Ausdruck kommen und dennoch die Kunden in diesem Versorgungsgebiet wegen der dadurch systematisch geförderten Energieeinsparung weit geringere Rechnungen zu zahlen haben als die Kunden im Nachbargebiet B mit geringeren Preisen und wenig Einsparaktivitäten.

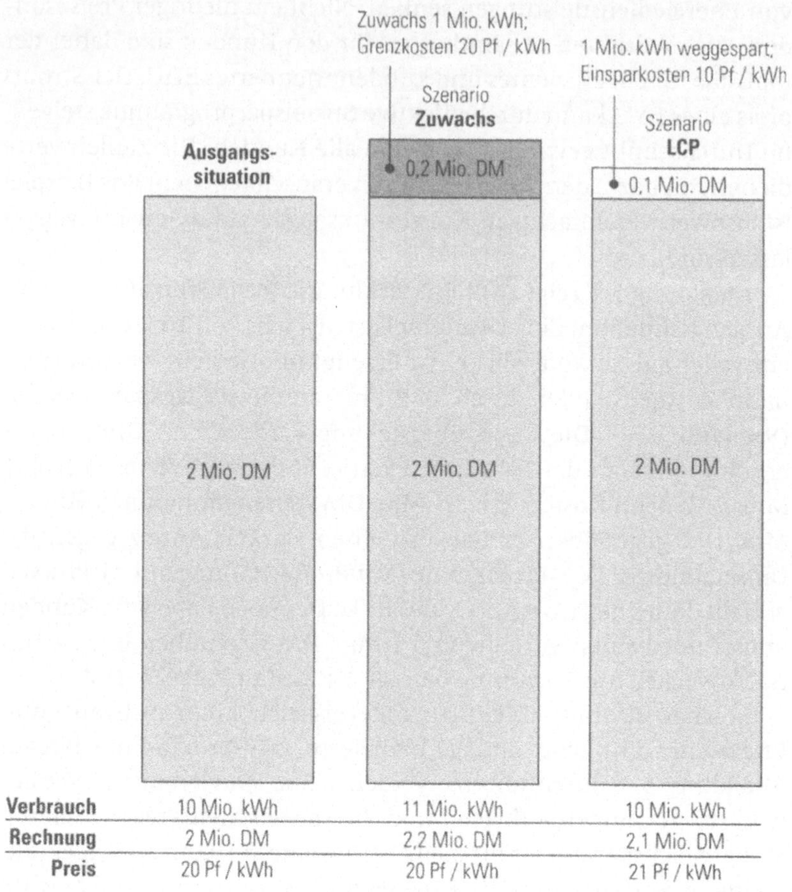



| | Ausgangssituation | Szenario Zuwachs | Szenario LCP |
|---|---|---|---|
| **Verbrauch** | 10 Mio. kWh | 11 Mio. kWh | 10 Mio. kWh |
| **Rechnung** | 2 Mio. DM | 2,2 Mio. DM | 2,1 Mio. DM |
| **Preis** | 20 Pf / kWh | 20 Pf / kWh | 21 Pf / kWh |

Quelle: , Stefan Thomas und Uwe Ilgemann 1995: Least-Cost Planning: Kooperation von Versorger und Anwender für ein effizientes Energiemanagement, in: Energieanwendung 2/1995.

Gravierende Probleme treten allerdings dann auf, wenn im nationalen oder internationalen (EU-weiten) Maßstab ein reiner Preiswettbewerb praktiziert wird und umlagefinanzierte Einsparaktivitäten nur auf Vorreiter-EVU beschränkt bleiben würden.

110

Höhere Preise als Folge der Umlagefinanzierung effizienzsteigernder Maßnahmen beim Kunden haben dann nur noch insoweit Chancen, wie es dem EDU gelingt, allen betroffenen Kunden den besonderen Nutzen (z.B. sinkende Energiesystemkosten; regionalwirtschaftliche Vorteile; Umwelt- und Klimaschutz) im direkten Vergleich zu Billigangeboten zu verdeutlichen. Dies verlangt einen ungleich höheren Marketing- und Transaktionskostenaufwand, der wiederum kostentreibend wirken kann. Um diese volkswirtschaftlich unerwünschte Nebenwirkung eines Preiswettbewerbs zu kompensieren, müssen daher die Rahmenbedingungen nicht nur für das Angebot von Endenergie (1. Stufe) sondern auch für die Umwandlung von Endenergie in EDL (2. Stufe) auf dem Markt für EDL harmonisiert werden.

Bei der Herstellung des EU-Binnenmarkts für Strom und Gas wurden bisher ausschließlich harmonisierte Rahmenbedingungen (für die 1. Stufe) gefordert (aber nicht durchgesetzt!), damit nicht durch ungleiche Startchancen Wettbewerbsverzerrungen bei der Bereitstellung von Endenergie (Strom und Gas) entstehen. Es wurde bereits gezeigt, daß bei dieser nur auf Endenergie und Preiswettbewerb zielenden Wettbewerbskonzeption der in der Praxis stattfindende Wandel von Energieversorgungsunternehmen (EVU) zum Energiedienstleistungsunternehmen (EDU) und die Entstehung von Märkten für Energiedienstleistungen (EDL) systematisch ausgeblendet werden.

Insofern haben sich bereits jetzt gravierende Wettbewerbsverzerrungen im EU-Binnenmarkt dadurch ergeben, daß nicht komplementär zur Einführung von mehr Wettbewerb beim Energieangebot entsprechende harmonisierende Rahmenbedingungen für den Qualitätswettbewerb und für die Produktveredelung (also für die Stufe der Umwandlung von Endenergie in EDL) geschaffen wurden. Dadurch wurden die Vorreiter-EVU im Umweltschutz und bei der Energieeinsparung diskriminiert.

Ohne eine Harmonisierung der Rahmenbedingungen für den Qualitätswettbewerb entsteht nämlich eine kontraproduktive Anreizstruktur, da die Wertschöpfung erhöhende, aber die spezifischen Preise steigernde Formen des Qualitätswettbewerbs und der Produktveredelung in einem unregulierten Preiswettbewerb tendenziell zurückgefahren werden. Wer LCP/IRP/DSM also effizient und flächendeckend in einen wettbewerbsförmigen EU-Binnenmarkt einführen will, muß sich für eine Richtlinie als Harmonisierungsmaßnahme zur Absicherung des Qualitätswettbewerbs entscheiden und darf sich nicht auf freiwillige Einzelmaßnahmen von Vorreiter-EDU (d.h. auf Kann-Bestimmungen) oder auf die unverbindlichen Selbstverpflichtungen beschränken.

Komplementär zur Herstellung harmonisierter Rahmenbedingungen für wettbewerbsförmige Endenergieerzeugung (1. Stufe), bedarf es daher auch der Harmonisierung der Rahmenbedingungen für die marktförmige Erstellung von EDL (2. Stufe). Der von der europäischen Kommission vorgelegte Entwurf einer RPT-Richtlinie (Rational Planning Techniques; vgl. Europäisches Parlament 1996) bildet daher in weiterentwickelter Form das komplementäre Instrument, um auf der Umwandlungstufe von Endenergie in Nutzenergie bzw. EDL vergleichbare Rahmenbedingungen für den Qualitätswettbewerb und die Produktveredelung zu schaffen.

Vergleichbare Rahmenbedingungen können europaweit nur durch eine Richtlinie geschaffen werden, die für alle EVU Anreize dafür schafft, ihre Geschäftstätigkeit in Richtung eines EDU zu erweitern. Dabei kann die nationale Ausgestaltung sehr unterschiedliche Formen annehmen, solange gewährleistet bleibt, daß der preiserhöhende Effekt von LCP-Programmen für die EDU sich im Wettbewerb nicht geschäftsschädigend auswirkt. Wenn alle EVU eine LCP-orientierte Ausweitung der Geschäftstätigkeit praktizieren oder mit einer entsprechenden Abgabe an einen volkswirtschaftlichen Energieeffizienzfonds belastet werden (siehe unten), wird der hieraus resultierende Preiserhöhungseffekt wettbewerbskonform nivelliert. Für die EDU ergeben sich bei gewinnneutraler Preisanhebung keine betriebswirtschaftlichen Nachteile und bei entsprechenden Anreizmodellen („Shared Savings"-Arrangements) ein zusätzlicher Profit. Den Nutzen haben vor allem die Kunden (durch die sinkenden Rechnungen) und die Umwelt (durch die kosteneffektiv vermiedenen Emissionen).

# VI. Spielräume für eine EDU-Geschäftspolitik in deregulierten Märkten

Während die vorangegangenen Abschnitte die energie- und wettbewerbspolitischen Implikationen von EDL-Märkten untersucht haben, geht es im folgenden darum, die Konsequenzen für die Unternehmenspolitik bisheriger Versorgungsunternehmen zu skizzieren. Aus der Vielfalt der möglichen Implikationen können dabei nur schlaglichtartig einige Aspekte ausgewählt werden, die für den „Wandel vom EVU zum EDU" bedeutsam sind. Insbesondere soll auch die mögliche Rolle von Stadtwerken beleuchtet werden. Dabei soll verdeutlicht werden, daß trotz der derzeitigen kontraproduktiven Rahmenbedingungen für kleine Unternehmen ein Handlungsspielraum, aber auch ein verstärkter Handlungsdruck für innovative EDL-Aktivitäten existiert. Darüber hinaus soll gezeigt werden, daß sowohl Abwarten als auch Aktivismus bei der Preisunterbietung keine erfolgversprechenden Strategien sind.

## 1. Unternehmensleitbilder

Da häufig auf der Basis unterschiedlicher Unternehmensleitbilder argumentiert wird, muß zunächst geklärt werden, was unter einer EDU-Geschäftspolitik in einem deregulierten Strommarkt verstanden werden soll. Der folgende Kasten faßt die Leitideen einer „EDU-Geschäftspolitik" zusammen:

Kundenorientierung bei der Umsetzung einer Energieeffizienz-
politik vor Ort verlangt in erster Linie, mit „sozialem Marketing" und
einer glaubwürdigen Kommunikationsstrategie für die Unterstüt-
zung einer EDU- und Klimaschutzstrategie und den gemeinsamen
„Bau eines Einsparkraftwerks" (siehe 2.) zu werben. Wenn der
regionale und individuelle Nutzen ortsnaher Energiedienstleister
nicht handfest bewiesen wird, wird die „Aldisierung" des Stromver-
kaufs im Supermarkt an Bedeutung gewinnen. Problematisch wäre
natürlich auch, den Versuch zu machen, den Kunden Einsparprogramme gegen ihren Willen aufzudrängen. Neue Kommunikations-
und Mediationsformen, wie z.B. „Runde Tische" haben sich auf Lan-
desebene (z.B. in Nordrhein-Westfalen) bewährt und spielen auch
in vielen Kommunen (vgl. Wuppertal Institut DFG-Studie 1999)
eine wichtige Rolle bei der Konsensbildung über eine neue Energie-
und Verkehrspolitik.

Hierbei haben kommunale Stadtwerke durch ihre Ortsnähe, den
Querverbund und die prinzipielle Bürgerverbundenheit[55] einen
unschätzbaren komparativen Wettbewerbsvorteil. Es wird davon
ausgegangen, daß sich das Schicksal der etwa 900 deutschen Stadtwerke nicht durch die „Naturgewalten des Markts" entscheidet, sondern daran, ob dieser komparative Wettbewerbsvorteil umfassend
wahrgenommen und dem Bürger sowie der örtlichen Wirtschaft

überzeugend vermittelt werden kann. Die folgenden Kästen fassen diese Punkte – auch im Vergleich zu Verbund-EVU – in geraffter Form zusammen:

### Stadtwerke haben Wettbewerbschancen, aber nur, wenn sie offensiv genutzt werden:

Kundennähe:
> Hauptvorteil gegenüber Newcomern/NEGAWatt-Akteuren; aber mit der „Versorgermentalität" und dem „Verwalten von Bürgern" muß gebrochen werden!

Querverbund:
> Aus den Synergieffekten der Bereitstellung von Energie-, Wasser-, Telekommunikations- und Verkehrsdienstleistungen im Querverbund und der damit verbunden „Rund-Um"-Versorgung der Kunden kann ein erheblicher Wettbewerbsvorteil entwickelt werden!

Dezentralisierungstendenz:
> „Grüne" Techniken REN, REG, KWK/K sind nur vor Ort erschließbar; aber mehr Türöffner- und Koordinierungsfunktion für bürgerschaftliche Aktivitäten, Genossenschaften, private Betreibergesellschaften und Verbundlösungen mit der örtlichen Wirtschaft sind notwendig!

Bürgernähe:
> Vertrauensvorschuß („unser Stadtwerk") durch Bürgerbeteiligung zur Kundenbindung und Akzeptanzsteigerung nutzen! Kunden können überzeugt werden, daß „mehr Qualität seinen Preis" haben darf; aber höhere Preise ohne nachweislich sinkende Energierechnungen haben bei der Wirtschaft keine Chance!

Glaubwürdigkeit:
> Aus einer „soliden Energieverwaltung" einen „vorsorgend-innovativen" Dienstleister entwickeln! Soziales Marketing „mit langem Atem": Strohfeueraktivitäten und kurzfristige Imagekampagnen schaden!

Unverwechselbarkeit:
> Homogene Energie durch Veredelung (NEGA- oder ÖkoWatt) zum Markenprodukt gestalten! Billige Energie liefern können im Wettbewerb viele – preiswürdige EDL als unverwechselbare Produkte vermarkten können nur wenige!

Demokratiefähigkeit
> Integration in lokale Agenda-21-Prozesse; Rückkoppelung (Evaluierung!) gemeinsamer Erfolge (z.B. $CO_2$-Reduktion; Kostenentlastung) ist entscheidend; motivierte Mitarbeiter sind ideale Multiplikatoren!

Im Vergleich zu diesem langfristigen komparativen Vorteil der Orts- und Kundennähe von Stadtwerken und anderen dezentralen Akteuren (z.B. Contracting-Firmen, Energieagenturen) sind die Verbund-EVU mit ihren bisherigen zentralisierten Organisations- und Großkraftwerksstrukturen strategisch im Nachteil. Inwieweit dieser strategische Nachteil jedoch zur Geltung kommt, hängt davon ab, wie erfolgreich und wie lange die Verbundebene den Übergangsprozeß zum umfassenden Preiswettbewerb zu ihren Gunsten nutzen kann. Es wurde bereits mehrfach darauf hingewiesen, daß durch die in Deutschland praktizierte Form des unregulierten sofortigen Übergangsprozesses zum Preiswettbewerb die ohnehin marktbeherrschende Stellung der Verbund-EVU vorübergehend potenziert wird. Der nachfolgende Kasten versucht die Vor- und Nachteile zusammenzufassen und muß im Kontext dieser Übergangsdynamik interpretiert werden.

---

### Vor- und Nachteile für Verbund-EVU/EDU beim Übergang zu Wettbewerbsmärkten

**Vorteile:**

marktbeherrschende Position wird vorübergehend potenziert (überlegene Kapitalkraft, Quasi-Monopol am weitgehend abgeschriebenen Kapitalpark, überschäumende Liquidität/Cash Flow und Know How-Vorsprung)

neue Expansionschancen durch Verdrängungswettbewerb und Entkommunalisierung infolge der Abschaffung der kommunalen Schutzräume des § 103 GWG

keine kommunalwirtschaftlichen Folgekosten der ÖPNV-Finanzierung und der Kuppelproduktion großer Fernwärmesysteme

große Kapitalreserven zur Marktzugangsbeschränkung durch Fusionen, Unternehmensaufkäufe, Kapitalbeteiligungen

Internationalisierungs- und Diversifizierungschancen als Stromgroßhändler und -importeure sowie als multinationale Technologie- und spartenübergreifende Dienstleistungskonzerne (Querverbund bei Versorgungs/Entsorgungs/Informationstechnologien)

**Nachteile:**

begrenzter direkter Zugang zu den „grünen und dezentralen" Zukunftsmärkten (REN, REG, KWK)

neue Großtechnologien (Kohle, Kernenergie) sind im nächsten Erneue-
rungszyklus des Kraftwerksparks (etwa ab 2005) weniger wettbewerbsfähig

suboptimale „großtechnologische Konzernstrukturen" zur Erschließung
„grüner Potentiale"

„billige Preise" als Marketingparameter nur vorübergehend nutzbar

verstärkter Wettbewerb durch IPPs mit GuD-Technik

Wechsel von Verteilern/Endkunden zu „AKW-und Kohlefreien" Lieferanten möglich

**Mögliche Konsequenzen:**

Die zukünftige Rollenverteilung und Arbeitsteilung auf den deregulierten europäischen Strommärkten ist noch nicht absehbar und derzeit
noch gestaltungsfähig

Die bisherige dreigliedrige Funktionsgliederung in Verbund-, Regional-
und Kommunalunternehmen wird sich gravierend ändern; strategische
Allianzen und Kooperationen mit Stadtwerken (statt Beherrschung?)
öffnen den Zugang zu „grünen" Marktpotentialen „vor Ort"

## 2. Integrierte Ressourcenplanung (IRP) – der „Bau von Einsparkraftwerken"

Rationalisierung und Kostensenkung sind die traditionellen Reaktionsmuster von Unternehmen im verschärften Wettbewerb. Es
kann kein Zweifel darüber bestehen, daß in der „Versorgungs"-wirt-
schaft mit geschützten Gebietsmonopolen Fettpolster entstanden
sind und erhebliche Kostensenkungspotentiale erschlossen werden
können. Das Hauptproblem liegt aber darin, daß die mangelnde
Innovationsfähigkeit in der Vergangenheit noch auf die Gegenwart
fortwirkt und sich die Reaktionsmuster vieler Unternehmen unter
den neuen Wettbewerbsbedingungen fast ausschließlich in tradi-

tionellen Rationalisierungsmaßnahmen (z.B. Personalabbau)[56] erschöpfen. Es wurde bereits darauf hingewiesen, daß in Zukunft jeder Supermarkt billigen Strom anbieten kann. Dadurch werden die Margen erheblich sinken und ohne neue Geschäftsfelder und Diversifizierungsaktivitäten werden gerade auch für kleine Unternehmen kaum Überlebenschancen im Wettbewerb bestehen. Darüber hinaus können die Anforderungen des Klima- und Ressourcenschutzes nur vorübergehend verdrängt, aber nicht auf Dauer ignoriert werden; damit ergeben sich neue Chancen für eine Geschäftspolitik, um „mit der Ökologie aus der Krise" zu steuern ist (Müller/Hennicke 1994). Insofern bleiben gerade auch für ehemalige reine Versorger Instrumente und Maßnahmen auf der Tagesordnung, die die strategische Erschließung der „Ressource Energieeffizienz" zu neuen Geschäftsfeldern weiterentwickeln helfen. Die Verbindung von Energieangebot mit Effizienzsteigerung beim Kunden durch Produktveredelung, Verlängerung der Wertschöpfungskette und Qualitätswettbewerb werden mittel- und langfristig wieder erheblich an Bedeutung gewinnen. Dies ist nicht zuletzt auch deshalb wichtig, um den Abbau der Beschäftigung beim traditionellen Energieangebot durch neue Arbeitsplätze in diesen neuen Geschäftsfeldern zu kompensieren.

Die strategische Nutzung der „Ressource Energieeffizienz" ist natürlich sowohl auf der Ebene der Verbundunternehmen, der Weiterverteiler als auch der Stadtwerke möglich. Kerngedanke ist dabei stets, wie durch den Bau von Kraftwerken oder eine systematische Effizienzsteigerung beim Endverbraucher ein bestimmtes Niveau an EDL für die Kunden kostenminimal erreicht werden kann. Strategische Effizienzsteigerung in diesem Sinne kann daher auch als „Bau von Einsparkraftwerken" („NEGAWatt" statt nur „MEGAWatt") bezeichnet werden (vgl. Hennicke/Seifried 1996). Deshalb soll im folgenden untersucht werden, wie die „Integrierte Ressourcenplanung" als eine Umsetzungsform der „Ökonomie des Vermeidens" in einen deregulierten Wettbewerbsrahmen einbezogen werden kann.

Eine für die Stadtwerke Hannover erstellte Studie von Öko-Institut und Wuppertal Institut (Stadtwerke Hannover, 1995) belegt exemplarisch, daß in Deutschland etwa 30 Prozent des Stromverbrauchs prinzipiell wirtschaftlich eingespart werden könnten. Hierzu müssen vor allem die Hemmnisse für funktionsfähigen Substitutionswettbewerb um volkswirtschaftlich preiswürdige Energiedienstleistungen abgebaut werden. Neue Finanzierungs- und Anreizinstrumente wie z.B. eine aufkommensneutrale Öko-Steuer, das Contracting (Third Party Financing) und die „Integrierte Ressourcenplanung" (IRP) sind zur Entwicklung eines Marktes für Energiedienstleistungen notwendig. IRP bedeutet: Kraftwerke werden nur noch gebaut, wenn keine billigeren Stromsparpotentiale mehr erschlossen werden können. Energieunternehmen sollen durch Beratung und Anreize für ihre Kunden dazu beitragen, wirtschaftlich vorteilhafte Energiespartechniken rascher in den Markt einzuführen. Dadurch können Kunden, Umwelt und EVU gewinnen. In Deutschland könnten in 15 Jahren durch IRP-Stromsparprogramme gut 20 Prozent (etwa 18.000 Megawatt) der Kraftwerkskapazität eingespart und mit einer moderaten Preiserhöhung von 1-2 Pf/kWh (inkl. Zusatzgewinn als Anreiz für die EVU) finanziert werden – trotzdem würde die volkswirtschaftliche Stromrechnung im Jahr um 10 Mrd. DM sinken. Trotz leicht steigender Preise zur Umlagefinanzierung der Stromsparprogramme sinkt die Gesamtrechnung für die Kunden für Strom und Effizienztechniken (Seifried; Hennicke, 1994). Und Energierechnungen zählen letztlich für die Wettbewerbsfähigkeit der Industrie und den Geldbeutel der Bürger – nicht die Energiepreise.

Wird eine Glühlampe durch eine Energiesparlampe ersetzt, können über die achtfach längere Lebensdauer der Energiesparlampe bei gleicher Beleuchtungsleistung etwa 80 Prozent Strom eingespart, 140 DM Kosten und eine halbe Tonne $CO_2$ vermieden werden. Der eingesparte Strom kann an anderer Stelle verkauft oder braucht überhaupt nicht mehr produziert zu werden. Durch eine gemeinsame Stromsparaktion von 79 EVU wurden auf Initiative des Wirtschaftsministeriums in Nordrhein-Westfalen ab November 1997 innerhalb von fünf Monaten 1,5 Millionen Energiesparlampen in den Markt eingeführt, die Energierechnung der beteiligten Stromkunden um 140 Mio. DM gesenkt und die Umwelt um rd. 400.000 t $CO_2$ entlastet. Durch diese strategische Stromsparinitiative wurde quasi ein „Einsparkraftwerk" (Hennicke/Seifried 1996) gebaut, das

– ohne die gewünschte Beleuchtungsleistung zu senken – etwa 550 GWh Strom mit Gewinn für alle Beteiligten eingespart hat (MWMTV, 1998).

Strategische Effizienzsteigerung ist aber nicht nur in hochentwickelten Industrieländern, sondern gerade auch in den osteuropäischen „Übergangsgesellschaften" (Countries in Transition (CIS)) und in Entwicklungsländern eine besonders vielversprechende und volkswirtschaftlich häufig wesentlich billigere Option als die Angebotsausweitung. UNDP, UNEP, die Weltbank und (teilweise) die E7-Initiative unterstützen heute derartige Energiesparprogramme, weil angesichts der hohen Zuwachsraten beim Stromverbrauch (pro Jahr zwischen sechs bis zehn Prozent) ein ausschließlicher Ausbau der Kraftwerkskapazitäten schon technisch an Grenzen stößt, aber vor allem weder finanzierbar noch umwelt- und klimapolitisch vertretbar wäre (UN/DESA, 1998).

Um die noch vorhandene Skepsis gegenüber der „Ressource Energiesparen" und dem Bau von Einsparkraftwerken in Industrieländern wie auch in Entwicklungsländern zu überwinden, sind vor allem überzeugende Demonstrationsprojekte („best practices") und die Entwicklung eines internationalen Markts für Energiedienstleistungen notwendig: Musterprojekte für internationales Contracting sollten durchgeführt und breit international popularisiert werden.

Allein in der Bundesrepublik gibt es über 400 Contracting-Firmen, und der deutsche Contracting-Markt hat ein Potential von gut 30 Mrd. DM. Ausschreibungen zur Erschließung von Einsparpotentialen im öffentlichen Bereich haben das „Win-Win-Potential" von Contracting eindrucksvoll demonstriert. Der Berliner Senat hat zum Beispiel zwei Pools (je 50 Gebäude) der insgesamt 8.000 öffentlichen Gebäude in Berlin zur energetischen Sanierung an zwei Konsortien von Contractoren vergeben. Ohne daß es den Senat eigenes (derzeit besonders knappes) öffentliches Geld kostet, senken diese Contracting-Firmen durch energetische Modernisierung die Energierechnung in diesen 100 Gebäuden für die öffentliche Hand um neun bzw. elf Prozent, d.h. um etwa 2,5 Mio. DM pro Jahr.

Ähnliche Contracting-Projekte könnten durch internationale Ausschreibungen in den Megastädten rund um die Welt durchgeführt werden. Technisch einfach, universell einsetzbar und hoch

rentabel ist zum Beispiel die energetische Sanierung von Straßen-
beleuchtungen. Beim Ersatz von konventionellen Quecksilber-
durch Natrium-Hochdruckdampflampen können etwa 40 Prozent
Strom eingespart werden. Bei ohnehin anstehenden Erneuerungs-
investitionen kann die bessere Beleuchtungstechnik – je nach
Strompreis – innerhalb von ca. ein bis zwei Jahren (z.B. in Duisburg)
bzw. von drei bis vier Jahren (z.B. in Amman/ Jordanien) aus den
eingesparten Stromkosten refinanziert werden. Daraus könnte
gleichzeitig eine erfolgversprechende bilaterale Klimaschutzkoope-
ration zwischen Industrie- und Entwicklungsländern mit klassischer
Win-Win-Charakteristik entwickelt werden; denn dabei gewinnen
alle: Der Contractor (durch mehr Profit aus internationalen Consult-
ing-/Contracting-Geschäften), die Entwicklungsländer (durch Know
How- und Technologie-Transfer sowie sinkende Stromrechnungen)
und die Umwelt (Ressourceneinsparung und Senkung von $CO_2$-
Emissionen). Bilaterales internationales Contracting ist zudem effektiver, einfacher und schneller durchzuführen, als auf ein möglicherweise niemals funktionsfähiges weltweites Regime für handelbare
Zertifikate zu warten. Im Rahmen des flexiblen Mechanismus des
Kyoto-Protokolls könnten durch $CO_2$-Gutschriften für Contractoren
aus Annex-I-Ländern Anreize für einen Know-How-, Technologie-
und Contracting-Transfer in Entwicklungsländer geschaffen werden, um die spezifischen Hemmnisse bei internationalen Contracting-Geschäften (z.B. Informations- und Bürokratieprobleme, sub-
ventionierte Energiepreise und geringe Markttransparenz) rascher
abbauen zu helfen.

Um einer weltweiten Vorrangpolitik für REN näher zu kommen
ist also sowohl die Beispielfunktion der Industrieländer als auch die
bilaterale Kooperation zwischen Partnern aus Industrieländern und
Entwicklungsländern von entscheidender Bedeutung. Wegen des
negativen Demonstrationseffekts ist es deshalb besonders fatal, daß
die noch zaghaften Ansätze in vielen OECD-Ländern heute durch
unüberlegte Deregulierungskonzepte ins Stocken geraten sind. Über
100 EVU haben z.B. in Deutschland etwa 500 IRP-orientierte Programme durchgeführt (VDEW, 1997). Überwiegend handelte es sich
dabei um erfolgreiche und volkswirtschaftlich kosteneffektive Programme, die jetzt in Deutschland wie auch anderswo (vor allem

auch in den USA) mit der „Dampfwalze Deregulierung" (siehe unten) gestoppt werden könnten. Dieser Raubbau am Erfahrungsschatz mit Energiesparprogrammen wäre besonders schmerzlich, denn Konzepte wie IRP, Least Cost Planning (LCP), Demand Side Management (DSM) und Contracting werden in Entwicklungsländern besonders dringend benötigt und haben erst kürzlich die ihnen gebührende Aufmerksamkeit gefunden. Am Beispiel der Bundesrepublik soll daher abschließend demonstriert werden, wie eine produktive Synthese von Energieeffizienzsteigerung und Wettbewerb möglich ist.


## 3. Handlungs- und Finanzierungsspielräume im Preiswettbewerb

Zweifellos ergeben sich also für kommunale EDU und andere dezentrale Akteure – auch gegenüber der ökonomisch derzeit übermächtigen Konkurrenz auf der Verbund-Ebene – nicht nur neue Risiken, sondern prinzipiell auch neue Chancen als Anbieter von EDL, wenn die komparativen Vorteile vor Ort offensiv genutzt werden. Soweit allerdings Preiserhöhungen mit Energiesparprogrammen verbunden sind, ist letztlich die Akzeptanz beim Kunden und die Positionierung in einem Wettbewerbsmarkt entscheidend.

In diesem Zusammenhang erscheint es notwendig, die Gemeinsamkeiten und Unterschiede von bilateralen Contracting-Aktivitäten und umlagefinanzierten LCP-Stromsparprogrammen hinsichtlich der Effizienz und der Strompreiseffekte zu diskutieren. Denn einerseits wird im Rahmen der Deregulierungsdiskussion bilaterales Contracting als ein Instrument und als neues Geschäftsfeld für EVU/EDU propagiert, um Energiedienstleistungen auch bei direktem Wettbewerb anzubieten und die Kundenbindung zu verstärken. Erstaunlicherweise werden aber andererseits häufig im gleichen Atemzug umlagefinanzierte Programme als prinzipiell nicht mehr wettbewerbskonform bewertet.

Wegen des Preiseffekts, so das Hauptargument, seien umlagefinanzierte Energieeffizienz-Programme „am Markt" bei verschärftem Preiswettbewerb grundsätzlich nicht mehr durchsetzbar. Weiter oben wurde bereits gezeigt, daß diese pauschale Bewertung die zu erwartende Marktsegmentierung auf dem Markt für EDL nicht hinreichend berücksichtigt. Generell mischen sich jedoch bei dieser Zurückweisung von LCP „traditionelle" Vorbehalte gegen die Effizienz umlagefinanzierter Programme mit wettbewerbsbezogenen neuen Befürchtungen. Deshalb soll hier auf einige dieser Argumente im folgenden kurz eingegangen werden. Dabei sollen vor allem auch die ökonomischen Wirkungen beider Instrumente – Contracting wie auch umlagefinanziertes LCP – vergleichend betrachtet werden. Steigende oder relativ höhere Preise von EVU/EDU waren früher – teilweise auch zu Recht – mit dem Odium mangelnder Effizienz oder der Ausnutzung einer marktbeherrschenden Stellung behaftet. Leistungsvergleiche zwischen EVU durch die Kunden und das Kartellrecht orientieren sich daher bis heute in der Regel an Preisvergleichen zwischen strukturell ähnlich operierenden EVU. Diese alleinige Preisfixierung hat allerdings im Zuge der Deregulierung Merkmale einer Massenhysterie angenommen, weil in einigen Medien durch die Vermischung von Wettbewerbsapologie, unzulässiger Gleichsetzung mit dem Telefonmarkt und berechtigter Kritik an ineffizienten und verkrusteten Unternehmensstrukturen die Illusion einer scheinbar grenzenlosen Preissenkungswelle genährt wird.

Diese Preissenkungswelle könnte jedoch schon heute von einer aktiven Marketingstrategie für mehr Energiequalität überlagert werden. In einer Zeitschrift der Stadtwerke Hannover (1999) wird die Unternehmenberatungsfirma Eckart & Partner wie folgt zitiert: „Weil Strom an sich austauschbar ist, wird die Marge dort sehr niedrig sein. Zugleich entwickelt sich ein Markt für Serviceleistungen. Hier sind Know-How und Qualität gefragt – und dafür wird auch gutes Geld gezahlt" (ebenda). Diesen Zusammenhang verdeutlicht die folgende Abbildung 6.1 in vereinfachter Form.

Tendenziell stimmt diese Darstellung mit den in Kapitel V untersuchten Chancen und Risiken einer EDU-Politik in deregulierten Märkten überein. Allerdings ist die entscheidende Frage nach den konkreten Formen der „Serviceleistungen" und nach deren ökologischer „Qualität" durch diese Abbildung nicht beantwortet. Es ist denkbar und kann in einigen deregulierten Systemen (z.B. in

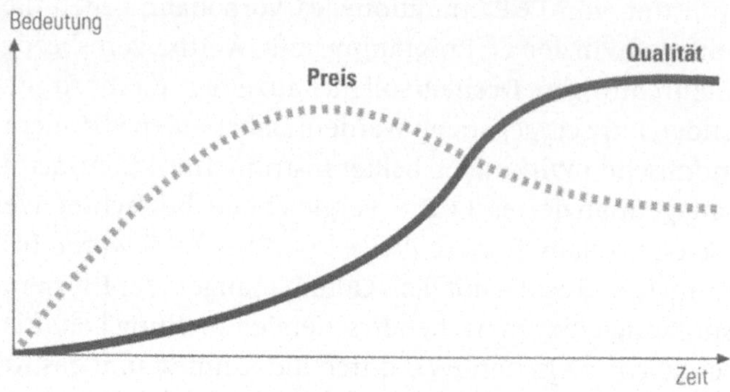



**Abb. 6.1**: Typische Entwicklung auf liberalisierten Märkten: Erst zählt nur der Preis. Sobald er sich auf günstigem Niveau eingependelt hat, entwickelt sich die Qualität der Leistung zum bedeutsameren Faktor.

Quelle: Stadtwerke Hannover

Schweden) bereits in Ansätzen beobachtet werden, daß die Markenpositionierung und Kundenbindung durch eine beliebige Palette an Zusatzleistungen erzielt werden soll, die weder mit dem Kerngeschäft und noch weniger mit Energiespar- und Umweltschutzaktivitäten etwas gemein haben. Zu diesen Dienstleistungen können z.B. Versicherungen, Flugmeilen, Kochbücher, Alarmanlagen etc. gehören. Diese Entwicklung hat mit dem hier vorgetragenen Konzept des Energiedienstleistungsunternehmens nur am Rande etwas zu tun und ist mit vielen Tankstellen vergleichbar, die quasi einen Supermarkt nebenher zum Treibstoffverkauf betreiben.

Hinzu kommt, daß die Dauer der Preissenkungsphase heute schwer abschätzbar ist und ein Qualitätswettbewerb um sinkende Energierechnungen statt nur um billige Energiepreise ohne eine soziale Marketingoffensive wenig Chancen hat. Unter den Bedingungen eines verschärften Preiswettbewerbs auch um „Privatkunden" (Gewerbe- und Haushaltstarifkunden) wird nämlich zunächst die „Preissenkungshysterie" noch weiter zunehmen, wenn die Argumente für einen Qualitätswettbewerb nicht offensiv gegenüber Kunden, Aufsicht und Öffentlichkeit vertreten werden. Die einen Gewerbekunden eigentlich interessierende Kernfrage, wie seine gesamte Energierechnung (Energiekosten plus Amortisation der Investitionen für Wandlertechnik) langfristig gesenkt und damit seine Wettbewerbsfähigkeit auf Dauer verbessert werden kann, wird bisher nur von wenigen EVU/EDU (so z.B. von der PESAG)[57] proaktiv aufgegriffen. Durch Effizienztechniken vermiedene Kilowattstunden können nie mehr teurer werden und senken bei Ausschöpfung der Stromsparpotentiale die Energierechnung häufig mehr als es nur mit Strompreissenkungen möglich ist; wenn beides kombiniert wird, potenziert sich natürlich der Kostensenkungseffekt.

Kosteneffektive Stromsparprogramme bedeuten für die Kunden im Durchschnitt niedrigere Rechnungen. Sie erfordern im Rahmen einer Umlagefinanzierung im Vergleich zu einer Referenzentwicklung ohne Stromsparprogramme nur deshalb höhere Strompreise (in der Größenordnung von ein bis zwei Pf/kWh innerhalb von zehn Jahren), weil sie den Gesamtabsatz eines EVU reduzieren: Denn kurz- und mittelfristig sinken nur die variablen Kosten, so daß die Gesamtkosten (insbesondere die unveränderten Fixkosten) auf einen reduzierten Gesamtabsatz umgelegt werden müssen, wodurch der Preis pro kWh steigt. Entscheidend ist jedoch der Kundenvorteil gesunkener Rechnungen, der von Anfang an breit kommuniziert werden muß (siehe oben). Daher ist eine nachvollziehbare und glaubwürdige Offenlegung der Nutzen-Kosten-Rechnung eine wesentliche Voraussetzung, um für solche noch immer ungewohnten EDU-Aktivitäten Akzeptanz zu gewinnen.

Es besteht jedoch in der Stromwirtschaft derzeit eine generelle Skepsis, ob für eine derartige Produktveredelungsstrategie, die wegen der höheren Wertschöpfung bei sinkendem Absatz im Regelfall mit steigenden Preisen für mehr Leistungen verbunden ist, unter Wettbewerbsbedingungen Akzeptanz geschaffen werden kann. Diese Skepsis besteht auch bei Managern, von denen die Argumente zugunsten einer Energieveredelungsstrategie (sinkende Rechnungen, mehr Umwelt-, Klima- und Ressourcenschutz, positive regionalwirtschaftliche (Netto-)Effekte) prinzipiell akzeptiert und für überzeugend gehalten werden. Volkswirtschaftlich sinnvolle Energiesparmaßnahmen für den Klima- und Ressourcenschutz bedürfen daher hinsichtlich ihrer betriebswirtschaftlichen Rationalität einer besonderen Begründung sowie veränderter Rahmenbedingungen und Anreizstrukturen (siehe unten).

Strategisches Energiesparen durch ein EDU im eigenen Absatzbereich führt – wie oben gezeigt – zu entgangenen Deckungsbeiträgen (entgangene Erlöse minus kurzfristig vermeidbare Kosten) und tendenziell dadurch auch zu steigenden Preisen (siehe weiter unten); dies gilt aber sowohl für Einspar-Contracting wie auch für umlagefinanzierte LCP-Programme. Umlagefinanzierte kosteneffektive LCP-Programme sind eine Art „Gruppen-Contracting", wobei allerdings – wie auch bei der üblichen Umlagefinanzierung von Kraftwerksinvestitionen – Verteilungseffekte zwischen Teilnehmern und Nichtteilnehmern der Programme auftreten. Der folgende Kasten faßt einige Pro-Argumente zusammen, warum Energiesparaktivitäten – auch in betriebswirtschaftlicher Hinsicht – prinzipiell aus der Sicht von EDU sinnvoll sein können:

Die Gegenargumente, speziell gegen umlagefinanzierte Programme, können im Kern auf zwei zentrale[58] Argumentationsstränge zurückgeführt werden: Einerseits wird kritisiert, daß ein „regulierungsorientiertes" LCP die Gefahr mit sich bringe, daß der Staat in die Unternehmen „hineinregieren" und das wünschenswerte freiwillige „unternehmensorientierte LCP" eher bürokratisch behindern könnte. Dieser Einwand ist im Hinblick auf den von der EU vorgelegten Entwurf einer „IRP-Richtlinie" nicht gerechtfertigt. Hierzu hat das Wuppertal Institut eine ausführliche Stellungnahme für das Europäische Parlament verfaßt, auf die hier nur hingewiesen werden kann (1996).[59] (Siehe auch den nachfolgenden Kasten).

# Die Chancen strategischer Einsparaktivitäten von EDU

Grundsatz: Mit weniger Energie mehr Energiedienstleistungen bereitstellen!

- Auch unerwartetes Trendsparen oder NEGAWatt-Geschäfte von Dritten verursachen entgangene Erlöse – NEGAWatt-Geschäfte von EDU sichern Deckungsbeiträge und Kundenloyalität.

- Durch strategisches Energiesparen zum richtigen Zeitpunkt können „entgangene Gelegenheiten" („lost opportunities") vermieden und Markthemmnisse (z.B. sehr kurze Amortisationserwartungen, höhere kundenspezifische Informations- und Transaktionskosten) abgebaut werden.

- Richtig antizipierte Trends eröffnen für Vorreiter-EDU neue Marktchancen und Gewinne. Die besondere Kompetenz von EDU liegt bei Planung, Bau und Betrieb von Anlagen und Gebäuden als „Systemführer Energie".

- Mehr Kundenorientierung und „Energieveredelung" werden zukünftig zu wichtigen Wettbewerbsparametern. Durch zusätzliche Dienstleistungen kann Energie eher als Markenprodukt im Qualitätswettbewerb positioniert werden.

- Durch „Geschäfte hinter dem Zähler" (z.B. Nutzwärme, Nutzlicht und Nutzkälte-Konzepte) wird die Kundenbindung verstärkt und eine gewisse Unverwechselbarkeit eines EDUs trotz des homogenen Produkts „Strom" hergestellt. Die Kunden erwarten zukünftig mehr als nur Energielieferungen.

- Angebots- und Einspar-Contracting ermöglichen bilateral finanzierbare Chancen, um am Einsparen von Energie zu verdienen. Die Probleme für EVU liegen wie bei der Umlagefinanzierung in der Bewertung der entgangenen Deckungsbeiträge.

- Bilaterales Contracting und umlagefinanzierte Programme sind zwei sich ergänzende Strategieelemente: Contracting für maßgeschneiderte große Einzelprojekte – umlagefinanzierte LCP-Programme für Standardangebote bei „Massenpotentialen".

- EDU verfügen gegenüber neuen „NEGAWatt"-Akteuren über relative Vorteile beim Consulting, Contracting und Energiemanagement: Durch spezifisches technisches Know-how, Marktübersicht und Kundenkenntnis, integrierte Planung und Optimierung können Transaktionskosten und Risiken bei Dritten gesenkt werden.

- Veredelte Energie wird teurer; aber durch Marktsegmentierung kann zur Akzeptanzsteigerung beigetragen werden (auch ein „Öko-Bauer" erzielt bei einem spezifischen Käufersegment für Öko-Nahrung höhere Preise). Energiedienstleistungen als Markenprodukte sind Voraussetzungen für erfolgreichen Qualitätswettbewerb.

- Die Umlagefinanzierung der Kosten von LCP-Energiesparprogrammen durch alle Kunden ist eine verursachungsgerechte und effiziente Form der Internalisierung der Schadensvermeidungskosten. LCP ergänzt und verstärkt daher die Wirkung einer allgemeinen Energiesteuer.

Die LCP-Fallstudie Hannover hat sich ausführlich mit einem Konzept der „Anreizregulierung" beschäftigt, das als unternehmensorientiert und marktkonform bezeichnet werden kann (Stadtwerke Hannover 1995). Wie die amerikanischen Erfahrungen gezeigt haben, kann durch ökonomische Anreize für die EVU (z.B. Koppelung des Anreizes – im Sinne von profit-sharing – an den Energiesparerfolg) eher sichergestellt werden, daß private Unternehmen ein betriebswirtschaftliches Interesse an effizienten Energiesparprogrammen gewinnen.

Andererseits wird gerade dieses Anreizkonzept von seiten unabhängiger „neuer Energiesparakteure" (Ingenieurbüros, Energieagenturen) kritisiert. Ein solcher Ansatz, bei dem den EVU nicht nur die Technologie- und Programmkosten, sondern auch entgangene Deckungsbeträge über die Umlagefinanzierung erstattet werden, sei ein „zutiefst in der monopolistischen Welt verankerter Ansatz" (vgl. Meixner 1996). Diese Kritik verkennt allerdings zum einen, daß bei der zum Verbraucherschutz notwendigen Tarifgenehmigung (die nach dem geltenden Energierecht erhalten bleiben soll) stets eine de facto Anerkennung von entgangenen Deckungsbeiträgen stattfindet. Denn Ausgangspunkt eines Antrags auf Strompreiserhöhung kann z.B. sein, daß im Trend (ohne LCP-Aktivitäten) der Ist- gegenüber dem Planabsatz so gesunken ist, daß eine angemessene Rendite nicht mehr erwirtschaftet werden konnte und deshalb die Tarife erhöht werden müssen. Im Sonderkundenbereich findet in der Bundesrepublik ohnehin keine Preis- oder Anreizregulierung statt. Zum anderen bleiben die Kritiker die Anwort auf die zentrale Frage schuldig, welche alternativen Instrumente denkbar wären, um für EDU eine Umkehr der Anreizstruktur – am Vermeiden von Energie statt an zusätzlichem Energieangebot zu verdienen – zu institutionalisieren. Der von den Kritikern stattdessen propagierte reine Preiswettbewerb wirkt, wie gezeigt, in die entgegengesetzte Richtung – nämlich durch möglichst billige Energie und vermehrten Absatz mehr zu verdienen.

Der folgende Exkurs faßt zusammen, wie eine Anreizregulierung im Netzbereich prinzipiell aussehen könnte; Voraussetzung ist, daß eine staatliche Preisaufsicht über die Struktur und Höhe der Netztarife mitentscheidet.

## Regulierungsaspekte im Zusammenhang mit umlagefinanzierten NEGAWatt-Programmen

LCP-orientierte NEGAWatt-Programme haben zum Ziel, die Gesamtkosten für die Bereitstellung von Energiedienstleistungen zu reduzieren. Dies ist ex post durch eine Evaluierung nachzuweisen. Die Kosten eines solchen „Einsparkraftwerks" sollten dann wie die Kosten von Kraftwerken in die Strompreise einkalkuliert werden („Umlagefinanzierung"). Durch die Reduktion des Absatzes (in kWh), die mit den Programmen angestrebt wird, kann es trotz der gleichzeitigen Reduktion der *Gesamtkosten* und der Rechnungen der Kundinnen und Kunden erforderlich sein, die *Preise* pro kWh leicht anzuheben. Im Genehmigungsverfahren werden die Strompreise festgesetzt, indem die prognostizierten Kosten durch den prognostizierten Absatz (in kWh) geteilt werden. Die Preisgenehmigung bzw. Preisprüfung erfolgte bisher z.B. in Nordrhein-Westfalen alle ein bis zwei Jahre. Hierbei wurde ein durch NEGAWatt-Programme reduzierter Absatz automatisch aufgrund der aktualisierten Absatzprognose in die Strompreisbildung einbezogen. Ob und mit welchen möglichen neuen Aufgaben die bisherige Preisaufsicht weiterbestehen wird, ist eine offene Frage, die hier nicht diskutiert werden kann.

Für die Anerkennung von NEGAWatt-Programmen bei der Preisgenehmigung gibt es bei noch geltenden Preisaufsichtsverfahren nach der BTOElt verschiedene Möglichkeiten (Öko-Institut 1992, Leprich 1994). Grundlage sind hier die derzeit noch möglichen Optionen, ohne zu prüfen, welche Änderungen sich im weiteren Verlauf des Wettbewerbs ergeben können.

Zum einen könnten aufgrund einer Konzeption des Programmes ex ante die Programmkosten in die Kostenprognose und die Absatzreduktion in die Absatzprognose einbezogen werden. Der Vorteil ist, daß dem EVU von vornherein keine entgangenen Deckungsbeiträge durch das NEGAWatt-Programm entstehen, es erhält also einen hohen Anreiz für NEGAWatt. Allerdings erhält es zugleich einen Anreiz, die prognostizierte Einsparung durch eine nachlässige Realisierung des Programms zu verfehlen, sofern dies nicht ex post überprüft und rückwirkend bei der nächsten Preisprüfung korrigiert wird.

Zum anderen könnten die anhand einer Evaluation nachgewiesenen Programmkosten und Stromeinsparungen bei der nächsten Preisprüfung ex post anerkannt werden. Dies vermeidet das angesprochene Problem von Anreizen zum „Schummeln" für das EVU bei einer ex ante-Anerkennung. Falls die Programmkosten und die entgangenen Deckungsbeiträge jedoch nicht rückwirkend anerkannt werden, bleibt ein Verlust für das EVU relativ zum Fall ohne Programm für den Zeitraum vom Programmstart bis zur Preisprüfung. Dies ist ein negativer Anreiz für das EVU, keine NEGAWatt-Programme zu starten.

Die sauberste Lösung wäre daher die Einführung eines Ausgleichskontos verbunden mit einer ex ante-Anerkennung von NEGAWatt-Programmkosten. Hierbei wird die tatsächliche Entwicklung des Stromabsatzes mit der Absatzprognose verglichen. Liegt der Absatz über der Prognose, werden bei der nächsten Preisprüfung außerordentliche Erträge in Höhe des zusätzlichen Gewinns angerechnet. Liegt der Absatz unter der Prognose, werden bei der nächsten Preisprüfung außerordentliche Kosten in Höhe des entgangenen Gewinns angerechnet. Hierdurch entfällt sowohl der negative Anreiz für NEGAWatt-Programme als auch der bisher bestehende Anreiz, den Absatz auszuweiten und so zusätzliche Gewinne zu machen. Falls das EVU jedoch die Kosten der Versorgung und der NEGAWatt-Programme gegenüber der Prognose reduzieren konnte, bleibt ihm der Gewinn erhalten. In modernen Regulierungskonzepten für liberalisierte Märkte, wie z.B. in Norwegen (sogenannte „revenue-cap"-Regulierung) oder in England und Portugal (sog. „price-cap"-Regulierung), sind derartige Ausgleichsmechanismen eingeführt worden.[60]

Einspar-Contracting, umlagefinanzierte LCP-Programme und auch Bidding-Konzepte[61] sind in ihren betriebswirtschaftlichen Nutzen-Kosten-Wirkungen ähnlich: Ob 10 MW elektrische Leistung durch umfassende umlagefinanzierte LCP-Programme bei 1000 Kunden durch 10 Bidding-Angebote zu je 1 MW oder durch zwei große Einspar-Contracting-Projekte zu je 5 MW eingespart werden, führt in allen Fällen zu entgangenen Deckungsbeiträgen und – bei unterstellter Gewinneutralität bei bilateralem Contracting ebenso wie bei umlagefinanzierten LCP-Programmen – kurz- und mittelfristig zu einem Preiserhöhungseffekt. Der Preiserhöhungseffekt ergibt sich bei unterstellter Gewinneutralität dann, wenn erstens Transaktionskosten überwälzt, zweitens entgangene Deckungsbeiträge kompensiert und drittens auf eine durch das Einsparen gesunkene Absatzmenge alle kurz- und mittelfristig nicht vermeidbaren Fixkosten umgelegt werden. Die Höhe des Preiseffekts hängt neben der Höhe der vermiedenen Kosten davon ab, in welchem Umfang durch die Contracting-Rate oder – bei umlagefinanzierten LCP-Programmen – durch ein Shared-savings-Arrangement eine Refinanzierung erfolgt. Im bilateralen Contracting-Fall, wo der Einspareffekt z.B. nur einem Großkunden zugute kommt, ist es jedoch weder angemessen noch in der Öffentlichkeit zu rechtfertigen, nicht gedeckte Kosten auf andere Kunden umzulegen. Anders dagegen bei LCP-Programmen, wenn durch Dauer, Design und Anzahl der Programme sichergestellt ist, daß prinzipiell jeder Kunde in den Genuß der Einsparwirkung von Programmen kommen kann.

Weitere Unterschiede zwischen Contracting und umlagefinanzierten Programmen können sich vor allem daraus ergeben, daß durch diese Instrumente jeweils unterschiedliche Zielgruppen adressiert werden und verschiedene Risiken berücksichtigt werden können.

Ein Vorteil von Contracting besteht zum Beispiel darin, daß mit kombiniertem Angebots- und Einspar-Contracting in der Regel eine vertraglich vereinbarte längerfristige Lieferbeziehung verbunden ist, die die Kundenbindung auch unter Wettbewerbsbedingungen stärkt. Contracting begünstigt daher direkte Kundenbeziehungen und adressiert große Einzelpotentiale auf der Grundlage bilateraler Abrechnung und Finanzierung.

Es erscheint daher für EDU sinnvoll, entgangene Deckungsbeiträge bei Contracting-Geschäften generell nicht zu berücksich-
tigen. Für diese Vereinbarung spricht, daß Contracting-Geschäfte auf
einem Wettbewerbsmarkt stattfinden und daher als Kalkulations-
basis die Aktivitäten eines unabhängigen NEGAWatt-Akteurs (z.B.
eine Energieagentur, ein Ingenieurbüro) herangezogen werden
sollte. Im Rahmen eines Gutachtens für die Stadtwerke Düsseldorf
(Wuppertal Institut/ISI 1997) wurde zum Beispiel einvernehmlich
festgelegt, daß bei den Contracting-Piloten generell – wegen der
wettbewerbsrelevanten Fragen – auf die Berücksichtigung von entgangenen Deckungsbeiträgen verzichtet wird. Allerdings stellt sich
dann die Frage, wer die entgangenen Deckungsbeiträge gegebenenfalls letztlich finanzieren soll. Werden sie indirekt auf die übrigen
Kundengruppen weiter verrechnet, ergibt sich – wie auch bei umlagefinanzierten Einsparprojekten – ein unvermeidlicher Quersub-
ventionierungseffekt.

Analog könnte bei umlagefinanzierten LCP-Programmen argumentiert und unternehmerisch entschieden werden, auf die Ein-
rechnung entgangener Deckungsbeiträge ganz oder teilweise zu verzichten, damit der sich hieraus ergebende Preiseffekt minimiert wird.
Die Begründung hierfür könnte sein, daß die Kunden ohnehin,
durch eigene Maßnahmen sowie von privaten Dritten (Energieberatung) oder durch staatlich induzierte Aktivitäten (Verbrauchs-
kennzeichung, Effizienzstandards), die vorhandenen Einsparpotentiale langfristig ausschöpfen werden. Gerade wegen des derzeit verschärften Preiswettbewerbs um private Einzelverbraucher kann
davon ausgegangen werden, daß eine Akzeptanzsteigerung und
Kundenbindung über umlagefinanzierte Einsparprogramme auch in
diesem Privatkundenbereich betriebswirtschaftlich Sinn macht.
Denn mit hohem, aber unglaubwürdigem Werbeaufwand allein
kann man die Kundenloyalität zu einem „Stadtwerk der Zukunft" auf
Dauer nicht sichern. Es müssen schon handfeste private und umwelt-
relevante Vorzüge durch ein örtliches Energiedienstleistungsunternehmen nachgewiesen werden. Selbst wenn einige Kunden trotz
realisierter Energiespar- und Umweltschutzprogramme dennoch
abwandern, können mit dem erworbenen Energiespar-Know-How
an anderer Stelle Neukunden dazugewonnen werden.

Im Gegensatz zu der Breitenwirkung von umlagefinanzierten Programmen liegt der Nachteil von Contracting in den relativ aufwendigen kundenspezifischen Transaktionskosten (z.B. für technische und vertragliche Modalitäten) und im Ausfallrisiko bei Großkunden.

Der Vorteil von umlagefinanzierten Programmen liegt andererseits darin, daß durch standardisierte Technik- und Kundenprogramme die kundenspezifischen Transaktionskosten gesenkt, die Kundenakzeptanz für Effizienztechniken gegenüber einer Trendentwicklung prinzipiell gesteigert, „Massenpotentiale" effizient erschlossen und durch die Streuung das Ausfallrisiko minimiert werden können. Mit „Massenpotentialen" ist gemeint, daß z.B. der Ersatz einer konventionellen Bürobeleuchtung durch ein hocheffizientes Beleuchtungssystem (Dreibandenlampen mit Elektronischem Vorschaltgerät) pro Kunde nur zu einer absolut geringen Stromeinsparung führt, aber bei z.B. 10.000 Kunden dennoch eine beträchtliche Stromeinsparung erreicht werden kann.

Grundsätzlich sind umlagefinanzierte Energiesparprogramme trotz der auftretenden Preiseffekte dann im Wettbewerb leichter vermittelbar, wenn sie von allen Wettbewerbern in ähnlicher Form durchgeführt werden, durch freiwillige Vereinbarungen abgesichert oder über eine allgemeine Abgabe auf alle Stromumsätze – so in Kalifornien, Dänemark, Großbritannien und Belgien praktiziert und auch in weiteren Bundesstaaten in den USA geplant[62] – finanziert werden. Derartige, per Abgabe oder aus Steuern finanzierte Effizienzprogramme sind in allen deregulierten Systemen praktikabel und werden selbst in England als „Nach-Regulierungs"-Aufgabe in einer deregulierten Stromwirtschaft zunehmend anerkannt. Allerdings werden bei der Umsetzung neben den EVU auch private NEGAWatt-Akteure, wie auch in Dänemark ausdrücklich vorgesehen, zunehmend eine Rolle spielen. Selbst wenn ein vollständig dereguliertes System in der Bundesrepublik erwartet werden müßte, macht es also immer noch Sinn, wenn „Stadtwerke der Zukunft" heute schon Erfahrungen für die Umsetzung solcher aus einer allgemeinen Umlage finanzierten Stromsparprogramme sammeln.

Die Vor- und Nachteile von bilateral bzw. umlagefinanzierten Stromsparprogrammen werden im folgenden Kasten zusammengefaßt:

# Finanzierungsmodelle für Stromsparprogramme

## 1. Gruppenorientierte Umlagefinanzierung

Vorausschauende oder nachträgliche Anerkennung der nachgewiesenen Programmkosten durch die Preisaufsicht; Kosteneffizienzprüfungen sind standardisiert möglich

Vorteile: „Massenpotentiale" durch Standardprogramme effizienter erschließbar; Senkung der kundenspezifischen Transaktionskosten und der Energierechnungen für Teilnehmer

Nachteile: Mögliche Wettbewerbs- und Akzeptanzprobleme durch Preiseffekt; Energieeinsparung und Preisauswirkungen vorausschauend nicht genau kalkulierbar; keine kunden- und nutzenspezifische Zuordnung der Kosten

## 2. Kundenspezifisches Contracting

Vorteile: Maßgeschneiderte Programme mit bilateraler Abrechnung und Finanzierung; nur individuelle Preiseffekte

Nachteile: Erst lohnend ab ca. 100.000 DM Energierechnung p.a.; keine Erschließung von Massenpotentialen; Ausfallrisiko

## 3. NEGAWatt-Beteiligungsgesellschaften

Vorteile: Individuelle Zahlungsbereitschaft für zusätzliche REN-Aktivitäten nutzen; statt freiwilliger Mehraufwand wie bei REG („Green Pricing"), marktübliche Verzinsung von Privatkapital möglich („NEGAWatt-Zinsen")

Nachteile: Nachweis der Energie- und Kosteneinsparung aufwendiger; psychologische Barrieren im Vergleich zu REG

## 4. Kundenorientierter Verkauf von Gerätenutzen („Functional sales")[63]

Vorteile: Wettbewerbskonforme bilaterale Abrechnung über Stromrechnung; durch Kooperation von EDU mit Herstellern und Handel wird Markteinführung ökoeffizienter Geräte beschleunigt

Nachteile: „Nutzen statt Geräte kaufen" ist für Haushalte ungewohnt (das damit vergleichbare „Leasing" ist jedoch gängige Praxis); Nachweis des ökologischen und ökonomischen Nutzens aufwendiger

## 5. Bildung von kommunalen Stromsparfonds

(z. B.: Hamburger Elektrizitätswerke (HEW) mit 1 Prozent der Stromerlöse; Stadtwerke Zürich: Fester Anteil am Reingewinn)

Vorteile: Einfache Regelung, mehr Akzeptanz

Nachteil: Kosteneffizienz der Programme muß nachträglich geprüft werden

## 6. Nationale Umlagefinanzierung durch eine Abgabe oder Steuer

(z.B. UK, Kalifornien und Dänemark):

Vorteile: Wettbewerbsunschädlich, einfache Regelung

Nachteile: Effizienzkontrolle wird erschwert, die Transformation von EVU zu EDU wenig unterstützt

134

# VII. Überwindung der Hemmnisse im Ordnungsrahmen

Wie weiter oben gezeigt, bilden die bestehende hochkonzentrierte und monopolisierte Angebotsstruktur sowie der geltende Ordnungsrahmen der leitungsgebundenen Energieversorgung gravierende strukturelle Hemmnisse für die Entwicklung von EDL-Märkten. Die Form der Novellierung des deutschen Energiewirtschaftsrechts und die stärkere wettbewerbsorientierte Neuordnung der leitungsgebundenen Energieversorgung in Europa werden daher auf die zukünftige Bereitstellung von EDL einen maßgeblichen Einfluß ausüben. Einerseits könnten sich unter positiven Randbedingungen die Chancen für Newcomer (z.B. „Independent Power Producers" (IPP), „Green-Pricing"-Modelle, Energieagenturen, Contracting-Unternehmen) verbessern, andererseits wird vor allem von kommunaler Seite zu Recht befürchtet, daß der Wandel zum EDU und der Qualitätswettbewerb unter Bedingungen des reinen Preiswettbewerbs erheblich behindert werden. Die EU-Richtlinie Strom wie auch die konkrete Form der Umsetzung dieser Richtlinie bei der Novellierung des deutschen Energiewirtschaftsrechts sind an anderer Stelle ausführlich gewürdigt worden.[64] Hier sollen nur einige Kernforderungen zur Überwindung der Hemmnisse im Ordnungsrahmen formuliert werdem. Dabei wird davon ausgegangen, daß das im April 1998 gegen heftigen Widerstand von Kommunalverbänden, SPD, Bündnis 90/Die Grünen und Umweltverbänden verabschiedete Energierecht auf Dauer keinen Bestand haben wird und sich nach einer Übergangszeit ein neue politische Mehrheit für eine Novellierung oder zumindest eine Ergänzung finden läßt. Derzeit (August 1999) scheint es allerdings für eine Novellierung in der rotgrünen Bundesregierung noch keine Zustimmung zu geben. Vor allem im Wirtschaftsministerium hält man dies nicht für sinnvoll und notwendig.

## 1. Ausschöpfung des Umsetzungsspielraums der EU-Richtlinie Strom[65]

Hintergrund der kontroversen Bewertungen des Novellierungsbedarfs beim Energierecht sind letztlich unterschiedliche ordnungspolitische Grundphilosophien. Entscheidend ist daher, daß ein Verständigungsprozeß darüber erfolgt, inwieweit das Primat der Energiepolitik über die Energiewirtschaft noch möglich ist und wie es praktiziert werden soll. Ohne vom Staat gesetzte „ökologische Leitplanken" werden und können die Energiekonzerne zum Beispiel keine „Produktverantwortung" wahrnehmen. Nach § 22 des deutschen Kreislaufwirtschafts- und Abfallgesetzes (KrW-/AbfG) soll die Wirtschaft eine „Produktverantwortung" übernehmen (Schmidt 1997). Warum wird die Energiewirtschaft, der vermutlich größte und risikoreichste Abfallproduzent ($CO_2$-Deponierung in der Atmosphäre, ungelöste Atommüllproblematik), von dieser „Produktverantwortung" bisher ausgenommen? Eine explizite gesetzliche Regelung in einem neuen Energieeinspargesetz bzw. eine entsprechende Einbeziehung der Energiewirtschaft in das KrW-/AbfG sollte angestrebt werden.

Eine Minimalforderung besteht darin, daß der neue nationale Ordnungsrahmen den Spielraum der EU-Richtlinie Strom so extensiv wie möglich durch Vorrangregelungen für rationelle Energienutzung (REN), industrielle und kommunale Kraft-Wärme/Kälte-Koppelung (KW/KK) und regenerative Energien (REG) ausschöpft. Wichtig dabei ist:

- Alle Vorrangregelungen sollten möglichst einheitlich und verbindlich für alle EVU erfolgen, damit sie wettbewerbsneutral wirken. Dabei ist auf nationale wie auch auf internationale Wettbewerbskonformität zu achten. Die weiter unten vorgeschlagene Umlagefinanzierung ist am besten mit der zweiten und/oder dritten Stufe der Öko-Steuer zu verbinden.

- Die Wirkungen von REN- bzw. REG-Vorrangregelungen auf die volkswirtschaftliche Energierechnung sind gegensätzlich. Kosteneffektive REN-Programme senken die Gesamtkosten pro EDL. Bei REG-Programmen steigen dagegen die Energiekosten, so daß REN- und REG-Optionen am besten kombiniert werden sollten: Die billigen REN-Programme können dann die heute noch relativ teuren, aber zukünftig preisgünstigeren („Kostendegression durch Massenproduktion") REG-Technologien mitfinanzieren.
- Insbesondere müssen die prinzipiellen Unterschiede bei umlagefinanzierten REG- und REN-Programmen mit einem breiten Kundenkreis kommuniziert werden, um Mißverständnisse zu vermeiden und um Akzeptanz herzustellen; dies gilt insbesondere für die kostengerechte Vergütung (nach dem NRW-Modell). Dabei handelt es sich um eine vorrangig industriepolitisch begründete Markteinführungsstrategie, die zu Recht auf Kostendegression durch industrielle Massenfertigung setzt. Dafür werden kurz- bis mittelfristig notwendige Energiekostenerhöhungen bis zu 1 Prozent in Kauf genommen. Bei LCP-Programmen sinkt dagegen die Energiekostenbelastung der Kunden durch den Energieeffizienzeffekt erheblich, auch wenn die Energiepreise wegen der Umlagefinanzierung der Programmkosten steigen.

## 2. REN-Aktivitäten als „Public service obligations"

Die rechtlich verpflichtende Integration umlagefinanzierter LCP/IRP/DSM-Aktivitäten in den neuen Ordnungsrahmen würde den Wandel vom EVU zum EDU erheblich beschleunigen und einheitliche Rahmenbedingungen für alle EVU/EDU schaffen. Solche Energiesparaktivitäten zur rascheren Erschließung von „Massenpotentialen" (siehe oben) ergänzen die Energiespar- und Contracting-Aktivitäten von Energieagenturen und Ingenieurbüros, die sich aus wirtschaftlichen Gründen auf größere Potentiale bei Einzelprojekten konzentrieren müssen. Darüber hinaus wird durch umlagefinanzierte Programme die Motivation der breiten Öffentlichkeit sowie der Aufbau einer Infrastruktur für generelle Energiesparaktivitäten gestärkt. Insofern wirken auch umlagefinanzierte Programme als Marktöffner und Wegbereiter für den EDL-Markt. Vor Ort ergeben sich daher verstärkte Kooperationsmöglichkeiten zwischen EDU und anderen NEGAWatt-Akteuren (wie z.B. Energieagenturen, Contracting-Firmen).

Allen Stromlieferanten an Letztverbraucher sollte durch den neuen Ordnungsrahmen die Durchführung von Energiespar-programmen (im Sinne einer Integrierten Ressourcenplanung (IRP)) bzw. eine äquivalente Abgabe an einen nationalen Energieeffienz-fonds verbindlich vorgeschrieben werden (siehe unten). Dabei über-prüft die Preisaufsicht oder eine neu zu gründende nationale Ener-gieagentur die Effizienz dieser Programme (nach den in den USA gebräuchlichen Nutzen/Kosten-Tests) und die Preisaufsicht flankiert sie mit einer Anreizregulierung.[66]

Zu diesem Zweck sollte die EU-RPT-Richtlinie zur EU-weiten Harmonisierung der Rahmenbedingungen für die Bereitstellung von EDL in weiter entwickelter Form beschlossen werden (Europ. Parl. 1996; CEC 1997).[67] Darüber hinaus sollten die EU-Mittel zur Effizi-enzsteigerung mindestens auf die ursprünglich vorgeschlagene Summe von 150 Mio. ECU aufgestockt und statt dessen die EU-För-derung für die Kernfusion eingestellt werden.

Eine wettbewerbsneutrale Finanzierung von REN- und LCP/IRP-Programmen kann wie folgt geregelt werden: Eine Koppelung von IRP mit einer wettbewerbsneutralen Abgabe auf alle Stromumsätze (incl. Importe) in Höhe von zunächst 3 Prozent wird als „public service obligation" bei der nationalen Umsetzung beschlossen (ähnliche Regelungen existieren z.B. in Kalifornien, Dänemark und in Eng-land). Die EVU/EDU werden verpflichtet, entweder selbst IRP/LCP-Programme im Umfang dieser Abgabe (also jeweils 3 Prozent ihrer Stromerlöse) aufzulegen oder die Abgabe an einen Fonds abzu-führen.[68] Die effiziente Verausgabung kann über die Preisaufsicht mit Anreizregulierung bzw. die Kartellaufsicht kontrolliert werden. Die Mittel des Fonds werden über Ausschreibungen für alle potentiellen NEGAWatt-Akteure, die Stromsparprogramme durchführen (EDU, Energieagenturen, Contractoren etc.), als Zuschuß vergeben.

Diese optionale Regelung hat den Vorteil, daß sie einerseits Chan-cen für dezentrale Energieveredelung und Kundenbindung durch

IRP/LCP-Programme eröffnet, aber andererseits deren mögliche Preiseffekte bei Umlagefinanzierung weitgehend dadurch kompensiert, daß auch Wettbewerber ohne IRP/LCP-Aktivitäten mit der Abgabe belastet werden. Zum anderen wird auch für Dritte ein wettbewerbskonformer Weg eröffnet, sich bei Ausschreibungen um die Mittel des Fonds zu bewerben und zur Energieeinsparung beizutragen. Der Regulierungsaufwand wird zudem durch die optionale Verteilung der Mittel reduziert.

Insbesondere die kommunale Versorgungswirtschaft muß sich hier entscheiden: Ihr Plädoyer für den Qualitätswettbewerb, für den Ausbau von Energiedienstleistungen, für IRP/LCP, für KWK und erneuerbare Energiequellen ist nur glaubwürdig, wenn sie für solche verbindlichen wettbewerbsneutralen Regelungen eintritt. Sonst ergibt sich der Verdacht, daß Privilegien verteidigt werden sollen. Für die Verbund- und Regional-Unternehmen bestünde andererseits die Möglichkeit, die „Ressource Kommune" (denn nur vor Ort sind KWK, REG und REN erschließbar!) in Kooperation mit Stadtwerken und nicht durch deren Verdrängung oder Beherrschung mit zu erschließen.

## 3. Vorrangige Förderung von REG

Die forcierte Markteinführung von REG kann über zwei sich gegenseitig verstärkende Instrumente/Finanzierungsformen erfolgen:

1. Nach dem Vorschlag der „Gruppe Energie 2010" können mit einem langfristigen staatlichen Förderprogramm bis zum Jahr 2010 sich selbst tragende Solarenergiemärkte induziert werden (vgl. Altner et al. 1998). Dieses steuerfinanzierte Förderprogramm sollte jedoch vor allem auf die Forschung und Entwicklung konzentriert werden (vgl. Langniß et al. 1997), wobei die beschleunigte Markteinführung und Marktdurchdringung von REG unter Wettbewerbsbedingungen durch die nachfolgend beschriebene vorrangige Netzeinspeisung gewährleistet werden.

2. Im neuen Energierecht wird durch Vorrangregelungen gemäß
   der EU-Richtlinie und durch differenzierte Einspeisevergütungen
   ein wirtschaftlicher Anreiz zur Marktetablierung von REG gegeben. Dies entspricht der Regelung des Stromeinspeisungsgesetzes, das zur Aufnahme von Strom aus REG zu festgesetzten Ver-
   gütungssätzen verpflichtet.

Durch die Integration des Stromeinspeisungsgesetzes in den neuen
Ordnungsrahmen werden alle Netzbetreiber zur vorrangigen Aufnahme von REG verpflichtet und zahlen die festgelegte Einspeisevergütung. Die Höhe der Einspeisevergütungen richtet sich nach den
derzeitigen Einspeisevergütungen des Stromeinspeisungsgesetzes,
sollte aber Mitnehmereffekte so weit wie möglich vermeiden.

Die Mehrkosten werden mit einem Aufschlag auf alle örtlichen
und überörtlichen Netzbetriebskosten (Netzkostenaufschlag für REG
in Pf/kWh; einheitlich für alle Kundengruppen) umgelegt, so daß
keine regionalen Ungleichbelastungen oder Wettbewerbsverzerrungen für einzelne EVU mehr auftreten können.

Bei diesem Wettbewerbsmodell wird also z.B. ein Unternehmen
an der Nordseeküste zur Aufnahme von 100 MW Windkraftstrom
zu derzeitigen Konditionen verpflichtet, wenn es ein off-shore-
Anbieter oder ein Windpark-Betreiber in Wilhelmshaven wünscht.
Die Mehrkosten gegenüber einem definierten Referenzpreis (z.B.
durchschnittlicher City-Gate-Preis für Weiterverteiler) werden dem
aufnehmenden EVU aus einem Fonds rückvergütet, der aus dem
„Netzkostenaufschlag REG" finanziert wird. Der einheitliche Netzkostenaufschlag wird jährlich durch Verordnung festgesetzt[69] und
letztlich durch alle Stromkunden beim Bezug aus dem Netz bezahlt.
Für die Netzbetreiber handelt es sich bei diesem Netzaufschlag um
einen durchlaufenden Posten, den sie an den bundesweiten Fonds
abführen. Eine Ungleichbelastung einzelner EVU oder Kunden kann
dadurch nicht mehr auftreten.

## 4. Förderung der Kraft-Wärme/Kälte-Koppelung

Anlagen der Kraft-Wärme/Kälte-Koppelung sind gegenüber der getrennten reinen Stromerzeugung und Wärmeversorgung durch Öl- oder Gas-Einzelheizungen im Regelfall umweltverträglichere Alternativen; sofern die Wärme zum jeweiligen anlegbaren Wärmepreis abgesetzt werden kann, dienen sie prinzipiell auch der wirtschaftlicheren Strom- und Wärmeerzeugung. Allerdings werden die Rahmenbedingungen dadurch verändert und zum Teil gravierend verschlechtert, weil durch eine neue Wettbewerbsordnung für Strom und Erdgas auch die Preiskalkulation für das Koppelprodukt Wärme/Kälte aus KWK-Anlagen tangiert wird. Aus all diesen Gründen bedürfen KWK-Anlagen einer besonderen Förderung durch den Ordnungsrahmen.

Bei KWK-Anlagen muß zwischen Alt- und Neuanlagen sowie zwischen industrieller und kommunaler KWK differenziert werden.

Bestehende kommunale KWK-Anlagen bedürfen des Bestandsschutzes, damit keine Kapitalvernichtung („stranded investments") durch das „Rosinenpicken" von Großkunden auftritt. Dies bedeutet nicht etwa ein Eingeständnis der Unwirtschaftlichkeit von kommunaler KWK oder die Etablierung eines ungerechtfertigten Schutzzauns um die kommunale Energieversorgung. Vielmehr handelt es sich um eine notwendige Schutzklausel gegenüber staatlich veränderten Rahmenbedingungen bei der Koppelproduktion von Strom und Wärme (siehe oben).

Darüber hinaus sind Vorrangregelungen wie bei REG und differenzierte Vergütungsregelungen für kommunale und (mit Größenbegrenzung) für industrielle KWK-Anlagen notwendig.[70] Der Strom aus KWK-Anlagen sollte (wie bei REG) von den Netzbetreibern auf allen Ebenen vorrangig aufgenommen werden. Als Netzeinspeisung zählt dabei jeder in ein örtliches oder überregionales Netz eingespeiste Strom aus KWK-Anlagen (also auch der Strom aus kommunalen KWK-Anlagen). Dabei sollte einerseits ein Mindest-Jahreswirkungsgrad für KWK-Anlagen vorgesehen werden und andererseits die vorrangige Einspeisung aus industrieller KWK auf Anlagen unter 100 MW begrenzt werden.

Die Vergütungen sollten durch Rechtsverordnung festgelegt und (wegen der Kostendegression) nach Größenklassen differenziert werden sowie sich prinzipiell an den langfristig vermiedenen Arbeits- und Leistungskosten orientieren. Damit würden sich Einspeisevergütungen (bereits ohne Berücksichtigung der externen Kosten) in der Bandbreite von etwa 10 bis 13 Pf/kWh[71] ergeben. Diese Regelung würde die derzeitige Verbändevereinbarung ersetzen.

Insbesondere für kleinere KWK-Anlagen (bis zu 1 MW) sollte eine attraktivere Einspeisevergütung angeboten werden (pragmatische Regelung wie in einigen Konzessionsverträgen bereits geregelt: 75 Prozent der durchschnittlichen Stromerlöse für Letztverbraucher).

Die bundesweite Ausgleichsregelung für die eventuellen Mehrkosten könnte nach dem gleichen Verfahren erfolgen wie es bei REG beschrieben wurde.

Zur Förderung der industriellen KWK sind auch nichtdiskriminierende Durchleitungsbedingungen zu veröffentlichten Preisen sowie faire Bedingungen für Reservestromlieferungen notwendig.

## 5. Allgemeine Netzumlage als Finanzierungskonzept

Die genannten Zielwerte für REN, KW/KK und REG umzusetzen, verlangt in ordnungspolitischer Hinsicht eine klare Vorrangpolitik und ein wettbewerbsneutrales Gesamtfinanzierungskonzept. Nach der EU-Binnenmarktrichtlinie Strom (Art. 8 (3) und Art. 11 (3)) können Vorränge und public service obligations derart festgelegt werden, daß der Strom aus KW/KK und REG-Anlagen, der bestimmten Qualitätskriterien genügt, von den Netzbetreibern aufgenommen werden muß. Über diese Abnahmepflicht können bestimmte für den Klimaschutz erwünschte Zielwerte direkt über eine Quote (mit frei handelbaren Zertifikaten und sich am Markt bildenden Preisen) oder über die Variation von Einspeisevergütungen (mit sich am Markt einstellenden Mengen) umgesetzt werden. Sowohl die Quoten- als auch die Einspeiseregelung haben Vor- und Nachteile, die abgewogen werden müssen. Damit es im EU-weiten

Wettbewerb nicht zu einer Diskriminierung von EVU oder Regionen kommt, müssen in jedem Fall die Mehrkosten dieser Aufnahmeverpflichtung auf alle Stromkunden gleich verteilt und auch beim Im- und Export als Grenzausgleich berücksichtigt werden.

Im folgenden wird die Idee eines „Zukunftspfennigs" (Bundeswirtschaftsminister Müller) aufgegriffen, der als Netzaufschlag auf jede an den Endverbraucher gelieferte Kilowattstunde Strom konzipiert wird. Dieser Netzaufschlag kann ergänzend oder integriert in die nächsten Stufen der Energiesteuer realisiert werden. Sinnvoll erscheint in jedem Fall, die REN-, KW/KK- und REG- Umlagefinanzierung in einem gemeinsamen Finanzierungskonzept zusammenzufassen. Dadurch werden die energiepolitischen Zielwerte auch finanziell gebündelt und ein unnötiger Verteilungskampf zwischen Solar-, KWK- und Effizienzakteuren vermieden. Eine breite gesellschaftliche „Allianz für Zukunftsenergien", von VIK/IPPs über den VKU/ASEW, neue Contracting-Unternehmen und IRP/LCP-EDU bis hin zu den Umweltverbänden könnte dadurch eine gemeinsame Klammer erhalten. Ähnliche Finanzierungskonzepte sind in Kalifornien (2,75 Prozent Netzaufschlag) und in Dänemark (z.B. Netzaufschlag für Maßnahmen der Integrierten Ressourcenplanung) oder in England (non fossil fuel obligation) realisiert worden.

Die konkrete Form der Abwicklung und der Mittelverwendung kann, wie oben gezeigt, je nach der zu fördernden Technik unterschiedlich geregelt werden. Zum Beispiel: Bei der regenerativen Stromerzeugung wird eine erhöhte Einspeisevergütung nach dem (modifizierten) Stromeinspeisungsgesetz gewährt. REN-Maßnahmen im Strombereich werden entweder von den EVU selber durchgeführt (z.B. LCP-orientierte Zuschüsse für „Weiße Ware"-Programme) oder entsprechende Abgaben in einen bundesweiten Energiespar-Fonds eingezahlt (siehe unten). Für KWK-Strom wird (differenziert nach KWK-Größenklassen) eine erhöhte Einspeisevergütung/ein Bonus (Pf/kWh) gewährt, egal ob der Strom ins eigene oder in ein fremdes Netz eingespeist wird.

Die aus den Vorrangregelungen für REN, REG und KW/KK erwachsenden finanziellen Belastungen haben nur den Charakter einer Anschubfinanzierung (keine Dauersubventionen!) zum Aufbau von Zukunftsmärkten und könnten auch mit gleichen Prozentsätzen für Tarif- und Sondervertragskunden[72] – d.h. relativ weniger belastend für die Wirtschaft – aufgebracht werden.

Zur Finanzierung eines Aktionsprogramms Erneuerbare Energien[73] mit dem Zielwert einer Verdreifachung des Primärenergiebeitrags aus REG sind Mittel im Umfang zwischen 1,25 und 2,5 Mrd. DM jährlich erforderlich, was einem „Aufschlag" auf den Strompreis zwischen 0,3 bis 0,6 Pf/kWh entspricht. Für Forschungs- und Entwicklungsaufgaben wären zusätzliche Mittel notwendig.

Bei der Finanzierung der KW/KK-Regelungen[74] wird davon ausgegangen, daß der zusätzliche Kostenumfang etwa 0,2 bis 0,3 Pf/kWh beträgt (dies entspricht einer jährlichen Summe von 0,8 bis 1,25 Mrd. DM), womit bei einem angestrebten Anteil von 20 bis 30 Prozent öffentlicher Kraft-Wärme/Kälte-Kopplung an der Gesamtstromerzeugung KWK-Strom mit einem Bonus von 1 bis 2 Pf/kWh vergütet werden könnte.

Eine wettbewerbsneutrale Finanzierung von Programmen der rationellen Energienutzung könnte ebenfalls durch eine Netzabgabe auf alle Stromumsätze an Letztverbraucher (incl. Importe) erreicht werden. Wie oben vorgeschlagen werden die Energieversorgungsunternehmen verpflichtet (sofern eine entsprechende freiwillige Vereinbarung nicht erreicht wird), entweder selbst entsprechende Effizienzprogramme (IRP-Programme) mindestens in diesem Umfang aufzulegen oder die Abgabe an einen nationalen Fonds („Energieeinspar-Fonds" nach englischem oder dänischem Beispiel) abzuführen.[75] Aufgrund aktueller Erfahrungen mit LCP/IRP-Programmen (z.B. Stadtwerke Hannover) können derzeit kosteneffektive und erprobte IRP-Aktivitäten in der Größenordnung von jährlich 2,5 bis 3 Mrd. DM durchgeführt werden, was einem Aufschlag von etwa 0,6 bis 0,7 Pf/kWh entspricht. Diesen Belastungen stünden im REN-Bereich volkswirtschaftliche Entlastungen von etwa 10 Mrd. DM jährlich gegenüber (vgl. Hennicke/Seifried 1994). Eine spätere Aufstockung nach entsprechenden „Learning-by-doing"- und Evaluierungsprojekten sollte vorgesehen werden.

Insgesamt ergibt sich für die Finanzierung des Vorrangs von REN, KW/KK und REG ein Finanzierungsbedarf von jährlich ca. 4,55 bis 6,75 Mrd. DM, so daß die Strompreisverteuerung bei den Endkunden zwischen ca. 1,1 Pf/kWh und ca. 1,6 Pf/kWh betragen würde.

# 6. Bundesweit flankierende Rahmenbedingungen für REN und EDL

Zu Zeiten der Klima-Enquete-Kommissionen bestand bei allen Energieexperten Einigkeit darüber, daß es keinen „Königsweg" zum Klimaschutz gibt, sondern daß ein breitgefächertes energiepolitisches Instrumentarium auf allen politischen Ebenen (Bund, Länder, Kommunen) und Aktivitäten vieler privatwirtschaftlicher Akteure zur Umsetzung notwendig sind. Ein klimaverträglicher Ordnungsrahmen ist daher nur ein Baustein im Rahmen eines umfassenden sektor- und zielgruppenspezifischen neuen Maßnahmenbündels („Policy-Mix"), das zur forcierten Markteinführung von REN, REG und KWK, zur Entfaltung von EDL-Märkten und für den Umwelt- und Klimaschutz notwendig ist.

## 6.1. Zukunftsinvestitionsprogramm REN

Die derzeit vorherrschende „Staatsdoktrin" – akzeptabel und machbar ist nur, was kein öffentliches Geld kostet und „freiwillig" von der Wirtschaft durchgeführt wird – hat in ökologischer und gesamtwirtschaftlicher Hinsicht fatale Folgen: Innovationen werden zu schleppend in den Markt eingeführt und mögliche Kosten- und Umweltentlastungen finden nicht statt. Mit öffentlichen Mitteln geförderte Impulsprogramme sind zur beschleunigten Markteinführung von REN/REG/KWK unabdingbar. Dies gilt besonders für die energetische Sanierung des Gebäudebestands, aber auch für viele REN-, REG- und (teilweise) KWK-Technologien. Es geht also nicht um das ob, sondern wie effizient gefördert werden kann und wie dadurch positive gesamtwirtschaftliche Nebeneffekte (die Innovations- und Wettbewerbsfähigkeit; Schaffung von neuen qualifizierten Arbeitsplätzen) maximiert werden können.

Das Wuppertal Institut hat bereits im Jahr 1994 im Detail ein kreditfinanziertes REN-Förderprogramm („Zukunftsinvestitionsprogramm REN") für die Deutsche Ausgleichbank entwickelt (vgl. Hennicke; Richter; Schlegelmilch 1994). Wegen anderer politischer Prioritäten ist dieses Programm von der Bundesregierung nicht übernommen worden. Angesichts der Massenarbeitslosigkeit und der offensichtlichen Umsetzungs- und Innovationsdefizite in der deutschen Wirtschaft ist dieses Programm nach wie vor von hoher Aktualität und – wegen seines weitgehenden Selbstfinanzierungseffekts – auch wirtschafts- und fiskalpolitisch attraktiv.

In diesem Zusammenhang ist ein Hinweis auf die Schweiz angebracht: Alle energiewirtschaftlichen Schweizer Impulsprogramme (z.B. RAVEL) wurden vom Amt für Konjunkturfragen gestartet. Daran wird bereits erkennbar, daß in der Schweiz – neben den umwelt- und energietechnischen Aspekten – von Anfang an gesamtwirtschaftliche Fragen der Standortqualität, der Wettbewerbsfähigkeit, neuer Arbeitsplätze und Innovationsfähigkeit von erstrangiger Bedeutung waren. Die Schweizer Regierung hat bis heute rd. 100 Mio. sfr mit großem wirtschaftlichen und ökologischen Erfolg in solche Programme investiert.[76]

### 6.2. Sektor- und zielgruppenspezifischer Maßnahmenkatalog

Differenzierte Maßnahmenbündel aus globalen und sektor- und zielgruppenspezifischen Instrumenten sind von den Klima-Enquete-Kommissionen vorgeschlagen worden. Einige beispielhafte flankierende Maßnahmen für den Aufbau von EDL-Märkten sind:

- Aufbau einer Bundes-Energieagentur als Umsetzungsinstrument einer neuen Energiepolitik, wie es in vielen europäischen Ländern längst der Fall ist (z.B. Ademe in Frankreich oder Novem in den Niederlanden);
- Berufung eines Sachverständigenrats für Energiefragen zur wissenschaftlichen Begleitung des Aus- und Umsteigesprozesses (ähnlich dem Sachverständigenrat für Umweltfragen beim Bundesumweltminister);
- Stärkere Ausrichtung der nächsten Stufen der Energiesteuer an Anreiz- und Förderprogrammen wie in Dänemark; Einführung einer Raumwärmesteuer nach dänischem Vorbild, um die langfristige Wirtschaftlichkeit und schnellere Markteinführung für die energetische Gebäudesanierung (beispielsweise Wärmedämmung), für Solarthermie sowie für Nah- und Fernwärme zu gewährleisten;
- Änderung der Konzessionsabgabenverordnung und Entkopplung der Gemeindefinanzen und der Finanzierung des öffentlichen

Personennahverkehrs von den Energieerlösen im Rahmen einer Gemeindefinanzreform;

- Überführung der Rückstellungen für Entsorgung und Stillegung in einen öffentlichen Fonds, um die massive Privilegierung der Innenfinanzierung von AKW-Betreibern zu beenden; Finanzierung eines Förder- und Klimaschutzprogramms für REN, REG und KWK aus den Zinsen;
- Forcierte Markteinführung von erneuerbaren Energien sowie verstärkte Forschungs- und Entwicklungsanstrengungen (vgl. hierzu die Vorschläge zum Ordnungsrahmen);
- Förderprogramm zur beschleunigten energetischen Sanierung des Gebäudebestandes insbesondere bei Mietgebäuden; Förderung der flächendeckenden Einführung eines Gebäudepasses (mit Ausweis der Warmmiete);
- Verschärfung der Anforderungen des Wärmeschutzes nach schwedischem Standard in der Energieeinsparverordnung und stufenweise Übertragung auf den Gebäudebestand bis zum Jahr 2010;
- Einbeziehung des elektrischen Bedarfs in Gebäuden in die Energieeinsparverordung; Entwicklung von Grenz- und Zielwerten sowie von Labels für energiesparende Beleuchtung, Lüftung, Klimatisierung, Heizungspumpen nach Schweizer Erfahrungen;
- Einführung und bundesweite Finanzierung eines Impulsprogramms zur Schaffung einer Stromsparinfrastruktur nach dem Vorbild des Schweizer RAVEL-Programms;
- Einführung von Effizienzstandards und Kennzeichnungspflicht bei standardisierbaren Geräten (z.B. Haushaltsgeräte, Bürotechnologien);
- Verabschiedung und Umsetzung der Wärmenutzungsverordnung in Verbindung mit einem kreditfinanzierten Förderprogramm (z.B. durch die DtA); z.B. Förderung der Erstellung und Umsetzung von betrieblichen Energiesparkonzepten;
- Bundesförderprogramm für Angebots- und Einspar-Contracting (z.B. durch Bürgschaften; Leitfäden; Pilot- und Demonstrationsprojekte; Abbau der Hemmnisse bei der kameralistischen Rechnungsführung);
- Ausweitung der Energieberatung und Förderung der Gründung von weiteren dezentralen Energieagenturen; institutionelle För-

derung von kommunalen Klimaschutzaktivitäten (z.B. Klima-
bündnis; ICLEI) und von Agenda 21-Transferstellen;
- Leitfaden für standardisierte und kostensenkende Messung und
Verifizierung von Einsparpotentialen, um den Wettbewerb und
die Markttransparenz auf EDL-und Contracting-Märkten zu fördern; Übertragung des „International Performance Measurement
und Verification Protocol" auf Deutschland;
- Einrichtung und Anschubfinanzierung von „Runden Tischen"
und „Energiebeiräten" auf der Ebene von Kommunen und Bun-
desländern;
- Förderung von Maßnahmen des integrierten Umweltschutzes
(z.B. durch Audits, Branchen-Einsparkonzepte) zur Reduktion
von Reststoffen, Energie, Emissionen sowie zur Kostenentlastung.


## 7. Mögliche länderspezifische Maßnahmen

Im folgenden sollen abschließend einige Maßnahmen herausge-
griffen werden, durch die die Rahmenbedingungen für REN/EDL
auch auf Länderebene verbessert werden können.


### 7.1. Die Vorbildfunktion der Länder

Von zentraler Bedeutung ist, daß in der Landespolitik z.B. bei landes-
eigenen Gebäuden, bei der Beschaffungs- und Förderpolitik sowie in
energiepolitischen Publikationen das „neue Denken" („preiswürdige und umweltverträgliche Energiedienstleistungen statt billige
und riskante Kilowattstunden") glaubwürdig vermittelt und dadurch die Bundesenergiepolitik verstärkt wird.

Die vorhandenen Hemmnisse auf den Energieeffizienzmärkten
können durch das integrierte Angebot und Marketing von Energiedienstleistungen sowie durch innovative Systemanbieter („Systemführer Energie") schneller abgebaut werden. Dies gilt sowohl beim
Neubau von Gebäuden und Anlagen als auch bei energetischen
Sanierungsprojekten, wo es oft an integrierter Planung und optimalen Lösungen „aus einer Hand" mangelt. Nicht die spektakuläre Ein-
zeltechnik, sondern die schwer visualisierbare „Systemlösung" steht

dabei im Mittelpunkt. Einsparpotentiale (EDL) kann man im Regelfall nicht wie Kraftwerke vorzeigen; für die überzeugende Popularisierung von EDL muß man die Energieeinsparung und Umweltentlastung messen, evaluieren und dokumentieren. Dies stellt besondere Anforderungen an die Ressortpolitik und erfordert z.B. auch eine Weiter- und Fortbildung von Referenten in den hauptsächlich betroffenen Ressorts (Wirtschafts-, Umwelt- und Bauministerium). Dies kann durch Netzwerkbildung („Landesinitiative Zukunftsenergien" wie z.B. in Nordrhein-Westfalen) zwischen Wirtschaft, Staat und Wissenschaft gerade auf der Ebene von Ländern und Kommunen wirksam unterstützt werden.

### 7.2. Eine PR- und Info-Kampagne für EDL

Die Entwicklung von Märkten für Energiedienstleistungen umfaßt die folgenden Aktivitäten und Akteure:

- Die Integration von Energieangebot und rationellerer Energienutzung auch „hinter dem Zähler" sollte durch Systemanbieter (Generalübernehmer) oder durch kooperierende Partner technisch und wirtschaftlich optimiert werden;
- Informationen über mehrere Märkte (z.B. für Energie, für Effizienztechnologien, für Dienstleistungen wie Planen, Projektieren, Finanzieren und Vermarkten) müssen bereitgestellt und zusammengeführt werden;
- neues und komplexes technisch-wirtschaftliches Know-how muß von den EDL-Anbietern erworben und am Markt umgesetzt werden (Leistungsangebote von EDL-Unternehmen können von der Energiebereitstellung über die Planung, Projektierung, Finanzierung, den Bau und den Betrieb von Energieanlagen reichen);
- heterogene Akteursgruppen wie z.B. EVU und deren Haushalts- und Sondervertragskunden, Effizienztechnologie-Hersteller, neue NEGAWatt-Akteure (z.B. Energieagenturen, Ingenieurbüros und professionelle EDL-Dienstleister), öffentliche Dienststellen und Finanzinstitutionen müssen zusammengeführt werden.

Strategischer Schwachpunkt bei der Herausbildung von EDL-Märkten ist derzeit die Nachfrageseite. Um die sehr heterogenen Verbrauchergruppen besser über den Nutzen von EDL zu informieren, sind zielgruppenspezifische PR-Kampagnen, Workshops und Informationsmaterialien des Landes sinnvoll. Dies betrifft vor allem die Gruppen kleine und mittlere Unternehmen (KMU) und öffentliche/kommunale Verwaltungen.

*7.3. Integrierte Weiterbildung und Markteinführung*

Durch die REN/RAVEL-Impulsprogramme haben die Länder Nordrhein-Westfalen und Hessen bundesweit beispielhafte Impulse gegeben. Zur beschleunigten Umsetzung von EDL-Aktivitäten ist es notwendig, die RAVEL-orientierten Aktivitäten in Bund-Länder-Programmen auf die gesamte Bundesrepublik auszudehnen, die vorhandenen Länderansätze zu intensivieren und durch eine systematisierte Publikationsstrategie sowie Durchführung von Demonstrationsprojekten noch stärker mit der Markteinführung von Effizienztechniken zu koppeln. Dies könnte konkret bedeuten:

- Den Aufbau einer langfristigen Energiespar-Infrastruktur zu fördern, z.B. von NEGAWatt-Netzwerken (Datenbanken über Kennziffern, Energiesparkosten, Musterlösungen, Ansprechpartner etc.);
- Wettbewerbe (wie z.B. den „Energie- und Umweltpreis" in Wuppertal (vgl. Hennicke/Schuler/von Weizsäcker 1997)) mit einem Förderkonzept für die Markteinführung von preisgekrönten Projekten zu koppeln;
- Ein Konzept für exemplarische Demo- und Pilotprojekte für EDL zu entwickeln und umzusetzen;
- Beispielhafte Lösungen und Projekte zu dokumentieren und zu popularisieren (z.B. in der Form von Impulsworkshops, Handbüchern, Leitfäden, Kennzahlen, Vorschlägen für eine Integration von LCP/Öko-Audit sowie für ökologische Erfolgsrechnungen/Kennziffern und ein integriertes Herangehen von EVU an LCP und Öko-Audit).

*7.4. Initiierung von Kooperationen und von Leitprojekten*

Für die Entwicklung eines bundesweiten EDL-Marktes wäre es sehr nützlich, ähnliche Landesinitiativen wie sie in Nordrhein-Westfalen gestartet worden sind, auf andere Bundesländer auszuweiten. Entscheidend ist dabei, daß derartige Landesinitiativen auf Minister-ebene aktiv unterstützt, mit Fördermitteln für herausragende Leitprojekte ausgestattet und von einer offensiven Öffentlichkeitsarbeit begleitet werden. Im folgenden sollen beispielhaft die Aufgaben der AG Energiedienstleistung im Rahmen der Landesinitiative Zukunftsenergien in NRW zusammengefaßt werden. Aber auch andere Arbeitsgruppen der Landesinitiative, wie z.B. Branchenenergiekonzepte, KWK, Bauen und Wohnen und zu diversen REG-Technologien, sind im Zusammenhang der Förderung von REN und REG zu nennen.

Die Arbeitsgruppe „Energiedienstleistung" hat grundsätzlich die Aufgabe, Hemmnisse bei der Vermarktung von Energiedienstleistungen bei konkreten Projekten zu identifizieren, den Meinungs- und Informationsaustausch zwischen potentiellen Partnern herzustellen sowie zu klärende Grundsatzfragen zu erfassen und zur Beantwortung und Lösung an entsprechende Institutionen (z.B. den Round Table „Contracting" beim Wirtschaftsministerium) weiterzugeben. Hierdurch sollen möglichst viele beispielhafte Projekte angestoßen und ein Beitrag zur raschen Entwicklung von Märkten für Energiedienstleistungen geleistet werden. Wesentliche konkrete Aufgaben der AG EDL sind dabei:

- Aktivitäten, zum Beispiel Pilot- und Demonstrationsprojekte, zu unterstützen, die der Energie-Veredelung und dem Qualitätswettbewerb dienen, wobei in der Regel intelligente Systemlösungen gesucht sind;
- mögliche Leitprojekte zu diskutieren und Empfehlungen für Leitprojekte zu geben;
- Hemmnisschwellen für EDL-Aktivitäten (wie z.B. Contracting, Nutzenergie-Konzepte, Least-Cost Planning) abbauen helfen und die Akzeptanz für die noch ungewohnten EDL-Aktivitäten bei den Anwendern (insbesondere auch im öffentlichen Bereich und beim Handwerk) zu fördern;

- Gütekriterien sowie Finanzierungsvorschläge (Sondervermögen, Kreditprogramme, Bürgschaften) für EDL-Projekte mitzuentwickeln;
- Hemmnisse durch ungewohnte Rentabilitäts- und Wirtschaftlichkeitsbetrachtungen durch Information und Aufklärung abzubauen („Minimierung der Gesamtkosten der Energiebereitstellung plus der Amortisation von Effizienztechniken statt nur billige Energie pro kWh");
- zwischen unterschiedlichen Interessen und Perspektiven der verschiedenen Akteursgruppen einen Informations- und Meinungsaustausch (Info-Börse) sowie Kooperationen zu organisieren;
- Schnittstellen und sinnvolle Ergänzung zu ähnlichen Aktivitäten im Rahmen der Landesinitiative (z.B. die AGs Bauen und Wohnen, KWK, Branchenenergiekonzepte), der Round Table „Contracting" sowie „Least-Cost Planning" des MWMTV, der REN-Impulsprogramme Strom und Wärme sowie der VIK-Beratungsinitiative herzustellen.

### 7.5. Landesförderung von Contracting

Es wurde deutlich gemacht, daß Contracting ein wichtiges, aber keinesfalls das einzige Instrument zur beschleunigten Markteinführung von EDL darstellt. Die stärkste konzeptionelle Überschneidung und die meisten Hemmnisse ergeben sich zum sogenannten Einspar-Contracting, bei dem es in erster Linie um REN-Maßnahmen (teilweise auch integriert mit KWK) geht. Folgende Leitideen wurden z.B. im Round Table „Contracting" in NRW diskutiert:

- Prioritär soll das Instrument Contracting gefördert werden, nur sekundär die einzelnen Akteure im Contracting-Markt.
- Das Förderkonzept sollte differenziert werden zwischen der Phase, in der das neue Instrument Einspar-Contracting eingeführt wird, und der Phase, in der sich das Einspar-Contracting am Markt etabliert hat. In der ersten Förderphase geht es darum, das Instrument „Contracting" zu verbessern und Hemmnisse abzubauen. In der zweiten Phase soll das Instrument „Contracting" – neben anderen Instrumenten – genutzt werden, um auch Ener-

giesparpotentiale mit geringer Wirtschaftlichkeit, z.B. aus Klimaschutzgründen, zu erschließen.

- Die Anlage des Förderkonzeptes ist so zu wählen, daß nicht der Eindruck entsteht, Contracting wäre unwirtschaftlich und nur mit staatlichen Subventionen umzusetzen. Eine unspezifische „Breitband- und Dauersubventionierung" ist deshalb auszuschließen.

Für die Markteinführungsphase:

- Pilotprojekte („best practice") in öffentlicher und privater Initiative; in diesem Rahmen kann die öffentliche Hand ihrer Vorbildfunktion gerecht werden;
- PR- und Informations-Kampagne für das neue Instrument „Einspar-Contracting";
- Fondskonzept zur Abfederung von Insolvenzrisiken oder Entwicklung von Konzepten für produktbezogene und vereinfachte Bürgschaften;
- Fondskonzept zur (Vor-)Finanzierung von Feinanalysen, soweit sie nicht im Rahmen eines Contracting-Vorvertrages finanziert werden können; Grobanalysen sollen in die Fondskonzeption nicht einbezogen werden, da sie als Aufwand einer Angebotserstellung im Rahmen des normalen Geschäftsverkehrs anzusehen sind;
- Standardisierungs- und eventuell Zertifizierungskonzept für Grob- und Feinanalysen; evtl. Etablierung einer Institution/ Organisation bzw. die Nutzung bestehender Organisationen (z.B. VIK), die eine Art Schiedsfunktion zwischen Contractor und potentiellem Contractingnehmer ausüben kann;
- Entwicklung von Standardlösungen für Bietungsverfahren bei Großprojekten incl. Abgeltungsregelung für entstandene Kosten;
- Kriterienkatalog zur Qualitätssteigerung von (Energie-) Beratungsangeboten von Energieagenturen, EVU etc. sowie für die Erstellung von Grob- und Feinanalysen;
- Konzept zur Nutzung bestehender Förderprogramme für Contracting-Projekte bzw. zur Modifikation der Förderbedingungen zur verstärkten Förderung des Contractings;
- Konzept zur Sammlung und Vermittlung von Erfahrungen, die aus (Pilot-)Projekten gewonnen wurden, um Fehler zu vermeiden und die Aus- und Weiterbildung zu erleichtern;

- Entwicklung von Vertragsmustern, Standardvereinbarungen etc. für die Vorbereitungsphase, Contracting-Vorverträge und Contracting-Verträge;
- Markteinführungshilfen (z.B. zeitlich befristete Förderung von Ingenieurbüros);
- Abbau rechtlicher Hemmnisse bzw. Berücksichtigung von Contracting-Lösungen in bestehenden Regelungen (z.B. Neuerstellung Verdingungsordnung Contracting analog zur VOB/VOL etc.);
- Entwicklung von Anreizen für den kommunalen Bereich, in dem Contractinglösungen langsamer diffundieren als in anderen Bereichen (Ausschreibung eines Wettbewerbs, gezielte Landesförderung, Festlegung einer Sanierungspflicht über die Landesbauordnung bei Überschreitung eines bestimmten Verbrauchsgrenzwertes etc.).

# VIII. Schlußbemerkung:
# Plädoyer für einen Energieeffizienzpakt

In Kapitel I wurde gezeigt, daß die Szenarienanalyse einen quantifizierten Zielkorridor für den Wettbewerb und die Deregulierung des Stromsektors in den nächsten Jahrzehnten liefert, wenn die gesellschaftlich gewünschten Ziele Ausstieg und Klimaschutz realisiert werden sollen. Die erwähnte Verdoppelung der jährlichen Energieproduktivitätssteigerung und der industriellen und kommunalen Kraft-Wärme/Kälte-Koppelung sowie die Verdreifachung der Energiebereitstellung aus regenerativen Energien bis zum Jahr 2010 sollten als energiepolitische Orientierungsmarken für alle gesellschaftlich relevanten Akteursgruppen, aber nicht als verbindliche Planvorgaben dienen.

Sie könnten Grundlage eines gesellschaftlichen „Energieeffizienzpakts" sein, auf den sich die wichtigsten Akteursgruppen einigen. Für die Ordnungspolitik dienen sie als Prüfkriterien, ob die Spielregeln und Rahmenbedingungen von Wettbewerb und Deregulierung zielkongruent mit den gesellschaftlichen Leitzielen „Klimaschutz" und „Zukunftsfähigkeit" sind. Sie können damit konkrete Meßlatten für Energie- und Evaluierungsberichte der Bundesregierung bilden, um zu prüfen, ob der Umsteuerungsprozeß durch den Markt in die richtige Richtung verläuft. Aufgabe der Ordnungs- und Energiepolitik ist es, auf allen staatlichen Ebenen durch ein marktförmiges Politik-Mix und förderliche Rahmenbedingungen eine wirtschafts- und sozialverträgliche Zielerreichung sicherzustellen.

Plädiert wird hier vor allem deshalb für einen von der Politik initiierten und flankierten „Energieeffizienzpakt", weil dem „Vorrang der Energieeinsparung vor der Erzeugung" (Koalitionsvereinbarung) in der Praxis einer hochkonzentrierten Energiewirtschaft nur politisch Geltung verschafft werden kann. Dabei ist insbesondere die Frage der gemeinsamen Finanzierung einer Vorrangpolitik für REN, REG und KWK/K von entscheidender Bedeutung.

Es wurde gezeigt, daß bei entsprechend flankierenden Rahmenbedingungen bereits eine moderate Strompreiserhöhung von etwa 1,1 bis 1,6 Pf/kWh („Zukunftspfennig") ausreicht, um den ersten entscheidenden Schritt hin zur Effizienz- und Solarenergiewirtschaft zu finanzieren. Durch den Abbau der Monopolrenten und durch die sinkenden Preise besteht – trotz Stromsteuer – für die Umlagefinanzierung dieses Zukunftsinvestitionsprogramms ein Spielraum; wird der gesellschaftliche Nutzen des Programms – mehr Arbeitsplätze und Umweltschutz, Erschließung von Zukunftsmärkten – kommuniziert, ist mit breiter öffentlicher Akzeptanz zu rechnen.

Dabei muß betont werden: Werden die Einnahmen aus den Netzaufschlägen zur Finanzierung von kosteneffektiven Energiesparprogrammen verwendet, handelt es sich de facto nur um eine Vorfinanzierung sonst unterbliebener Effizienzprogramme, die im Saldo die Energiekosten erheblich senken. Insofern ist dies eine „Win-Win-Win"-Politik: Es profitieren in erster Linie die Verbraucher und die Umwelt. Aber auch die Unternehmen, die solche Effizienzprogramme professionell umsetzen, können hieraus neue profitable Geschäftsfelder entwickeln. Dies können Energieagenturen, Ingenieurbüros oder Contracting-Firmen oder auch ehemals reine Versorgungsunternehmen sein, die als Energiedienstleistungsunternehmen (EDU) ausfallende Erlöse in ihrem Kerngeschäft durch Energieveredelung und Qualitätssteigerung in eigenen oder fremden Versorgungsgebieten mit Gewinn kompensieren. Im Unterschied und als sozial- und wirtschaftsverträgliche Ergänzung zu einer „Ökologischen Steuerreform" führt also die Vorfinanzierung von Stromsparprogrammen aus einem allgemeinen Netzaufschlag nicht zu einer Erhöhung, sondern zu einer Senkung der Energiekosten. Wegen des die Stromrechnung senkenden Effektes der Stromsparprogramme kann daher das Gesamtprogramm für die Kunden – trotz des Netzaufschlages – in etwa kostenneutral gestaltet werden.

Sich selbst tragende Märkte für „wahre Energiedienstleistungen" können kreiert werden, wenn wir alle zu einem funktionsfähigen (Substitutions-)Wettbewerb zwischen nicht erneuerbarer Energie und den Techniken der rationelleren Energienutzung beitragen.

# Anmerkungen

1 Der folgende Beitrag konzentriert sich auf die Markt- und Wettbewerbsanalyse von leitungsgebundenen Energien und dort vor allem auf die Elektrizitätswirtschaft. Die grundlegenden Kategorien wie Energiedienstleistung, ökoeffiziente Dienstleistungen, (Energie)-Dienstleistungsunternehmen, Integrierte Ressourcenplanung (IRP) und Ökonomie des Vermeidens sind aber universeller auf andere Energien und Ressourcen (z.B. Wasser/Abwasser) anwendbar.

2 Dies gilt bisher nur begrenzt für Erdgas, aber uneingeschränkt für Braunkohle, Steinkohle, große Wasserkraft und den nuklear-technologischen Komplex.

3 Hierüber besteht zwischen Wirtschaftswissenschaftlern Einigkeit: So schreibt z.B. das EWI: „Die Bedeutung umweltpolitischer Flankierung nimmt bei wettbewerblicher Öffnung sogar zu, denn Wettbewerb zwingt die Unternehmen, das Wirtschaftlichkeitskriterium strikter zu beachten, weil sie einem unmittelbaren Markttest unterworfen werden können". (Vgl. Energiewirtschaftliches Institut, 1996, S. 17).

4 Alle nachfolgenden Szenarien enthalten auch den Verkehrssektor, der hinsichtlich der Umwelt- und Klimaauswirkungen – vor allem in der Form des motorisierten Individualverkehrs – besonderes problematisch ist. Dieser Text muß sich jedoch auf den Energiesektor und insbesondere auf die Elektrizitätswirtschaft beschränken.

5 Auf der WEC 1998 in Houston wurde das C2-Szenario von Tokyo mit veränderten Investitionskosten und folgender Grundaussage präsentiert: Durch die forcierte Einführung einer neuen Generation von dezentraleren Kernkraftwerken seien die gleichen ökologischen Ziele wie in C1 mit noch etwas geringeren Investitionskosten möglich. Allerdings steht diese „neue Generation" nur auf dem Reißbrett, die Investitionskosten sind daher noch extrem unsicher und die Akzeptanz nicht gesichert.

6 Der Bund der Energieverbraucher e.V. bietet seinen Mitgliedern den verbilligten Bezug von Strom aus atomstromfreier Erzeugung an. Die Hälfte der gesparten Stromkosten wird in den Ausbau der Solarenergie und Stromeinsparprojekte investiert.

7 Der Begriff „Ökoeffizienz" („ecoefficiency") ist international vor allem vom World Business Council for Sustainable Development (WBCSD) geprägt und neuerdings auch von der OECD in Grundsatzdokumenten übernommen worden.

8 Vgl. Schmidt-Bleek's MIPS-Konzept (MIPS= Materialintensität pro Serviceeinheit). Im folgenden werden die Begriffe Serviceeinheit, Nutzenniveau, Funktion oder auch Gebrauchswert austauschbar benutzt; gemeint ist damit, daß bestimmte – letztlich vom Nutzer erwünschte – Gebrauchs- und Nutzungseigenschaften von Produkten und klassischen Dienstleistungen von deren „stofflichem Träger" (Gebrauchswert) und dem individuellen Eigentum oder Besitz (Tauschwert) abgelöst werden können, so z.B. der „Mobilitätsnutzen" vom Besitz eines eigenen Pkw durch Car-Sharing. Es wird weiterhin ganz bewußt Bezug auf Kategorien der klassischen Nationalökonomie genommen, die der hier eingeführten begrifflichen Präzisierung bei der Unterscheidung von „Gebrauchs- und Tauschwerten" noch sehr nahe waren.

9 Komplizierter wird die Analyse, wenn Fragen des Lebensstils einbezogen werden: siehe weiter unten sowie Noergard 1998.

10 Unterschieden wird hinsichtlich der „Energiequalität" in diesem Zusammenhang nur erneuerbare und nicht erneuerbare Energien; unter erneuerbaren (regenerativen; REG) Energien versteht man die technische Umsetzung der direkten und der indirekten, bereits in der Natur umgewandelten Solarenergieformen, d.h. die Photovoltaik, die Solarthermie, die Wasser- und Windkraft, die Umweltwärme, die Biomasse, die Meereswärme und Gezeitenenergien sowie die passive Solarenergienutzung für Gebäude. Hinzu kommen – insbesondere bei mehr Wettbewerb auch bei leitungsgebundenen Energien – weitere Qualitätsmerkmale, wie z.B. Versorgungssicherheit und Netzfunktionen (z.B. Spannungs- und Frequenzhaltung; Reserve). Methodisch sind jedoch diese Qualitätsaspekte als zusätzliche Wertschöpfung bezogen auf den jeweiligen Energieträger einfach zu handhaben.

11 Die hiermit verbundenen Definitionen und Konzepte werden international vergleichend und auf dem neuesten Stand in dem nachfolgenden Forschungsbericht zusammengefaßt; vgl. Wuppertal Institut et al. 1999.

12 Vgl. Bund/Misereor 1996 und Nitsch et al. 1997.

13 Diesen Hinweis verdanke ich Gerhard Scherhorn.

14 Zum Beispiel gilt dies für das risikominimierende Szenario C1 der Weltenergiekonferenz von Tokyo (1995), bei dem ein weltweiter Ausstieg aus der Kernenergie mit einer $CO_2$-Minderung um etwa 50 Prozent bis zum Jahr 2100 verbunden wird; vgl. Lovins/Hennicke 1999 sowie WEC/IIASA 1998.

15 Allerdings kann durch diese „grünen" Kilowattmärkte auch der Übergang zu EDL-Märkten abgebremst und die Beschränkung auf Konzepte des direkten Wettbewerbs verstärkt werden. Diese Begrenzung droht bei einem einseitigen Solarlobbyismus und einer Beschränkung auf REG-Angebotsförderung, bei der der systemare Zusammenhang zwischen REG und REN und deren sich wechselseitig verstärkende Rolle für ein zukunftsfähiges Energiesystem verloren geht.

16 Weiter unten wird gezeigt, daß höchstens die Spitze des Eisbergs energiebedingter sog. „externer" Schäden monetarisiert und hiervon – wegen mangelnder Akeptanz – wieder nur ein Bruchteil in der Form einer Steuer internalisiert werden kann. Preise sagen daher niemals die ganze „ökologische Wahrheit" (E. U. von Weizsäcker), weil sich z.B. der Nettoverlust von etwa 30 Arten pro Tag, die Vernichtung der Regenwälder, das Leid von Öko-Flüchtlingen und der Tod von Opfern der Klimakatastrophe niemals angemessen in Geldeinheiten ausdrücken läßt.

17 Vgl. z.B. Weller, 1998, S. 58. Auf „Green Pricing" wird hier nur am Rande und in methodischer Hinsicht eingegangen, weil es sich dabei im günstigsten Fall nur um „eine bedeutsame Ergänzung staatlicher Maßnahmen zur Förderung der erneuerbaren Energien" (ebenda, S.70) handelt. Mag das theoretische Potential der Zahlungsbereitschaft z.B. für teureren „Öko-Strom" auch weit höher liegen, so haben sich in der Realität bisher die Teilnehmerquoten etwa bei 0,5 Prozent bis 2 Prozent der in Frage kommenden Haushalte eingependelt.

18 Nähere Details werden sich allerdings erst durch eine Europastudie ergeben, die von Eurelectric, DG XII und DG XVII gemeinsam durchgeführt und die erst im Frühjahr 2000 abgeschlossen sein wird.

19 Die Autoren leiten aus dieser Tendenz zunächst die These ab: „... it would not be
unreasonable to conclude that a competitive energy market does not have a
detrimental impact on energy efficiency" (ebenda, S. 6). Sie zeigen aber im folgenden, daß es einer weitergehenden staatlichen Marktintervention bedarf, um
allein die moderaten Reduktionsziele für die Klimagase des Kyoto-Protokolls um
8 Prozent bis zum Jahr 2008-12 zu erreichen: „In order to deliver the necessary
emissions reductions within the Kyoto time-frame government intervention in
the energy market will, almost certainly, be required" (ebenda, S. 14).

20 Der KWK-Anteil von RWE beträgt etwa 1,6 Prozent der Stromerzeugung und
entspricht absolut dem der Stadtwerke Mannheim; werden aus kommunalen
oder industriellen KWK-Anlagen die Stromerlöse durch Billipreisangebote eines
Dritten nachträglich herauskonkurriert, ist die ansonsten bestehende Wirtschaftlichkeit der Kuppelproduktion von Strom und Wärme nicht mehr gegeben; daher liegt in der reinen Kondensationsstromerzeugung aus abgeschriebenen Kraftwerken in der derzeitigen Übergangsphase ein Wettbewerbsvorteil,
obwohl der Strom aus neuen Kondensationskraftwerken nicht mit Strom aus
neuen KWK-Anlagen konkurrieren könnte.

21 Die Agressivität, mit der hier vorgegangen werden soll, reicht nach einem
Artikel im Kölner Stadt-Anzeiger vom 4. 8. 1999 bis zur Ankündigung, notfalls
mit Kampf- und Dumpingpreisen die Konkurrenten auszustechen: „Sollte ein
Kunde in Deutschland seriös belegen können, daß ihm ein günstigeres Angebot
vorliegt, werden wir ihm unseren Privat-Strom zu noch günstigeren Konditionen anbieten".

22 RWE wirbt jetzt mit dem Slogan: „Sie haben ein Recht auf günstigen Strom".
Aber Yello-Strom, ein Tochterunternehmen der EnBW konterte bereits wenige
Tage nach dem RWE-Angebot in ganzseitigen Zeitungsanzeigen; z.B. am Tag der
Sonnenfinsternis, mit dem Spruch „Sonne, Mond & Yello Strom" sowie „Gelb,
Gut, Günstig". Außer dem albernen Werbeslogan hat Yello-Strom Preise zu bie-
ten, die bei 4000 kWh-Jahresverbrauch eine Einsparung von 186 DM gegenüber
dem RWE-Angebot bedeuten. (Vgl. Frankfurter Rundschau vom 10. 8. 1999).

23 Anders im Musterland des Privatkapitalismus, in den USA, wo es nicht nur eine
intensive Debatte über die durch Änderung des Regulierungsrahmens verursachten „stranded costs" gab, sondern wo von der California Public Utility
Commission (CPUC) auch Kompensationszahlung in Höhe von etwa 135 Mrd.
Dollar (Moody's Investor Service) gewährt wurden.

24 Auf die vorliegenden Alternativentwürfe von Bündnis 90/Die Grünen und von
der SPD kann an dieser Stelle nicht eingegangen werden.

25 Hierüber besteht zwischen Wirtschaftswissenschaftlern Einigkeit: So schreibt z.B.
das EWI: „Die Bedeutung umweltpolitischer Flankierung nimmt bei wettbewerblicher Öffnung sogar zu, denn Wettbewerb zwingt die Unternehmen, das Wirtschaftlichkeitskriterium strikter zu beachten, weil sie einem unmittelbaren Markttest unterworfen werden können". (Energiewirtschaftliches Institut 1996, S. 17).

26 Kalifornien hat daher auch als einer der ersten Bundesstaaten in den USA eine
umlagefinanzierte Förderung von REG-, REN-, F+E- sowie Sozialprogrammen
eingeführt. (Vgl. CPUC 1997).

27 Das hierzu erprobte Instrumentarium im Rahmen von DSM/LCP/IRP und einer
marktkonformen „Anreizregulierung" wird weiter unten skizziert; vgl. auch
Hennicke/Seifried 1996, a.a.O.

28 Die Unflexibilität und teilweise regelrechte Verkrustung bei einigen kommunalen EVU soll damit nicht in Abrede gestellt werden; sie hat jedoch andere in den personellen und finanziellen Verflechtungen der Kommunalwirtschaft liegende Gründe.

29 Allerdings ist erkennbar, daß bei einigen Verbund-EVU beim Stromhandel und teilweise auch bei Energiedienstleistungen inzwischen marktnähere dezentrale Strukturen an Bedeutung gewinnen; wenn sich hieraus länderübergreifende europäische Kompetenzzentren für Energieeffienz entwickeln würden, könnte das enorme technische Know How und die Kapitalstärke ehemaliger Verbundunternehmen eine vorwärtstreibende Rolle auf dem Weg zu einem zukunftsfähigeren Energiesystem übernehmen. Es ist z.B. ermutigend, daß Eurelectric (der europäische Verband der Elektrizitätswirtschaft) hierzu in Verbindung mit den Generaldirektionen XI und XVII der EU wesentliche Schritte eingeleitet hat. Vgl. die Workshop Serie „Electricity as a Bridge to Sustainability" sowie den Abschlußbericht von Chesshire, J. 1997.

30 IPP sind „Independent Power Producers", d.h. neue, von den bisherigen Kraftwerksbetreibern unabhängige Strom- und Wärmeanbieter.

31 Bis 2005 wird in der Bundesrepublik voraussichtlich kein neues Kohle- oder Atom-Großkraftwerk benötigt. 1994 lag die bereinigte Höchstlast bei 61,1 GW (ABL), aber die installierte Nettoengpaßleistung betrug 93,8 GW (davon 8,4 GW nicht einsetzbar). Erst 2020 steht der größte Teil des heutigen Kraftwerksparks zum Ersatz an, hinzu kommt laut Prognos unter Trendbedingungen ein Nettozuwachs von 13,5 GW bis 2020 (Stromzuwachs etwa 1 Prozent p.a.).

32 Die Begriffe EDL und EDU sind durch ökologische Argumente, insbesondere in Zusammenhang mit der Diskussion um sogenannte „sanfte" – auf Energiesparen und Solarenergie basierende – Energieszenarien in die deutsche Diskussion eingeführt worden. (Vgl. Lovins 1977 und Bossel/Krause/Müller-Reißmann 1981). Ein Artikel von Minister Zimmermann in der Zeitung für kommunale Energiewirtschaft (ZfK; in 5/84 S.19) hat z.B. für die seinerzeit noch sehr umstrittene Verbreitung der Konzepte EDL und EDU eine wichtige Rolle gespielt; heute werden diese Konzepte in vielen offiziellen nationalen wie internationalen Programmen und Publikationen, z.B. Klima-Enquete-Kommissionen, der VDEW und der UNDP benutzt, ohne allerdings hieraus die notwendigen wirtschaftstheoretischen und wettbewerbspolitischen Konsequenzen zu ziehen.

33 Bis auf wenige Ausnahmen, anders dagegen beim nicht kommerziellen Energieeinsatz in Entwicklungsländern.

34 Ein um Anschaulichkeit und definitorische Klarheit bemühter Autor wie K. Lancaster verweist zu Recht in seinem Lehrbuch zur Mikroökonomie darauf, daß wirtschaftstheoretische Partialanalysen einzelner Märkte um so eher gerechtfertigter sind, je weniger diese Märkte für die allgemeine Wirtschaft von Bedeutung sind. Daher nutzt Lancaster auch den Wassermelonenmarkt der USA als ein Beispiel. (Vgl. Lancaster 1991).

35 Für dieses mit der Energielieferung aber nach wie vor hauptsächlich befaßte „Energiedienstleistungsunternehmen" würde im englischen Sprachgebrauch aber eher der auch für EVU übliche Begriff „utility" und nicht „energy service company" benutzt.

36 Von den zahlreichen vorliegenden Lehrbüchern kommt vor allem das von Lancaster diesem Verständnis nahe (vgl. Lancaster 1991).

37  Die Kritik reicht von marxistischen bzw. ricardianischen Ansätzen bei der Preis-
    und Werttheorie bis zu ökologischen Ökonomie, die sich vor allem mit der
    „Naturvergessenheit" der Neoklassik beschäftigt.

38  Wie darüber hinaus gezeigt wird, kann diese Fragestellung generell auch für
    „Ökoeffiziente Dienstleistungen" in bezug auf den gesamten Energie- und Res-
    sourceneinsatz angewandt werden.

39  Mit dem Konzept der Kreuzpreiselastizität zwischen verbundenen Märkten
    (Energie- und Effizienzmärkten) kann dies nur indirekt geschehen, ohne daß
    die oben erwähnten direkten Bezüge auf EDL-Märkte möglich sind.

40  Wobei die Umsetzung dieser politischen Entscheidung durchaus auch mit ent-
    sprechender Preispolitik flankiert werden kann, z.B. durch schadenskonforme
    Risikoprämien bei der Kernenergie und näherungsweise Internalisierung des
    externen Nutzens von REG z.B. durch Anschubfinanzierung oder entspre-
    chende Einspeisevergütungen.

41  Herppich, W. et al. haben diese Konzeption allerdings nur auf die mikroökono-
    mische Fundierung von Least-Cost Planning angewandt. Diese Beschränkung ist
    jedoch nicht notwendig. Im Gegenteil: LCP/DSM/IRP wird hier nur als beson-
    dere Anwendungsformen einer allgemeinen „Ökonomie des Vermeidens" ver-
    standen (siehe unten) bei der generell die Frage im Mittelpunkt steht, wie eine
    bestimmtes Niveau an „ökoeffizienten" Dienstleistungen (produktiv wie kon-
    sumtiv) mit minimalem Kostenaufwand für Energie und Ressourcen erreicht
    werden kann. Vgl. Herppich, W. et al. 1989. Auch in Hensing/Pfaffenberger/
    Ströbele 1998 wird eine produktionstheoretische Ableitung der Nachfrage nach
    EDL kurz angesprochen, allerdings ebenfalls keine weiteren energiewirtschaft-
    lichen und wettbewerbspolitischen Konsequenzen hieraus gezogen; vgl. auch
    Hennicke 1991; Leprich. U. 1994.

42  Dieses Optimum veschiebt sich zu Gunsten eines Mehreinsatzes von teureren
    Wandlergeräten, wenn bei der Kostenbildung von Endenergie zusätzlich die
    sogenannten „externen Kosten" (vgl. Hohmeyer 1991; Hennicke 1991) inter-
    nalisiert werden (siehe unten).

43  Neben diesen durch staatliche Intervention allgemein veränderten Rahmenbe-
    dingungen und die (teilweise) Internalisierung der sog. „externen" Kosten und
    Nutzen können auf Nischenmärkten durch „Green Pricing"-Modelle Qualitäts-
    unterschiede von „grünem Strom" berücksichtigt werden.

44  Im folgenden werden die Begriffe LCP und Demand-Side Management (DSM)
    sowie Integrierte Ressourcenplanung (IRP) synonym gebraucht.

45  Diese wurden in der Graphik zur Vereinfachung als gleichbleibend unterstellt; in
    der Realität ist eher damit zu rechnen, daß die sogenannten „externen" Kosten
    bei steigendem Energie- und Stoffeinsatz deutlich überproportional zunehmen.

46  Hierbei treten Datenprobleme, insbesondere bei den Kostendaten, der Vermei-
    dungsoptionen auf. Diese resultieren aus der strukturell bedingten Vernach-
    lässigung von Vermeidungsstrategien. Während z.B. im Energiesektor die tech-
    nischen und kostenrelevanten Optionen beim Energieangebot gut dokumentiert
    sind, existiert keine vergleichbare Energiesparinfrastruktur (z.B. Datenbanken
    über verfügbare Techniken und Kosten). (Vgl. hierzu auch: Stadtwerke Han-
    nover 1995).

47  Mit dieser Formulierung wird Bezug genommen auf Hennicke, P. 1991 sowie auf
    die These von Kurt Biedenkopf, „der Markt ist eine geplante Veranstaltung".

48 Zu unterschiedlichen Bewertung der „pay back gap" vgl. z.B. Herppich et al.,
a.a.O.

49 Hohmeyer/Gärtner schätzen den zu internalisierenden Aufschlag auf den deutschen Strompreis für Schäden des antropogenen Treibhauseffekts (nur $CO_2$-
Emissionen berücksichtigt) auf 50 c/kWh. Dabei wurden die aus der Klimawir-
kungsforschung des IPCC bekannten Schadenspotentiale (Verluste an Men-
schenleben und Sachwerten) abgeschätzt. Insbesondere wegen des Verzichts auf
eine Abdiskontierung diese Schäden ist diese Schätzung umstritten (1992).

50 Allerdings muß davon ausgegangen werden können, daß ein relevanter Teil von
Akteuren aus Industrie und Politik durch den quantifizierten und monetarisier-
ten Vergleich eines – mit Sicherheit nur marginalen – Teils der Schadenskosten
mit den Vermeidungskosten mehr zu Gegenmaßnahmen motiviert werden
kann, als durch die nur „qualitative" Darstellung der voraussichtlich katastro-
phalen Folgen.

51 Bei mehr Wettbewerb im Energiesektor werden sich die Amortisationserwartungen annähern, aber dennoch werden wesentliche Unterschiede – schon
wegen der längeren Kapitelbindungszeiten – bleiben.

52 Die Formel hierzu lautet: $T = \dfrac{(1+i)^n - 1}{i \cdot (1+i)^{n-1/2}}$

mit T: subjektiv geforderte Kapitalrückflußzeit, i: implizite Diskontrate(interner
Zinsfuß), n: betriebsübliche Lebensdauer der Investitionen. (vgl. Leprich, 1994).

53 Spektakuläre bundesweite Bündelkundenverträge haben z.B. abgeschlossen die
PreußenElektra (z.B. alle Unternehmen des Verbandes der Energieabnehmer/
VEA), die EnWB (EnBW und MVV Mannheim AG beliefern gemeinsam alle fünf
Standorte des Landmaschinenherstellers John Deere; Deere ist weltweit einer
der größten Hersteller von Landmaschinen; EnBW hat u.a. auch einen bundesweiten Rahmenvertrag zur Belieferung der Anton Schlecker Drogeriemärkte
abgeschlossen), die Bayernwerke (die Bayernwerk AG, die Bewag AG und die
Stadtwerke Hagen AG werden in Zukunft alle Filialen des US-amerikanischen
Lebensmittelgiganten Wal-Mart Germany & Co.KG beliefern), die HEW (Rahmenvereinbarung mit Deutsche BPAG, Hamburg; HEW sichert BP Strombedarf
bundesweit), die Stadtwerke Hannover (Liegenschaften der ev.Kirche Deutsch-
lands) sowie RWE (Rahmenvereinbarung mit der Energieeinkaufsgemeinschaft
des Landesverbandes des Bayerischen Einzelhandels e.V. (LBE).

54 Befragt wurden von der Unternehmensberatung Arthur D. Little 450 Industrie-
kunden (1/3 mit Stromkostenanteil über 8%). PESAG, partner-profil, 2/98.

55 Im wörtlichen Sinn: weil jeder Bürger über Energie, ÖPNV, Wasser, Abwasser
oder (neuerdings) auch Telekommunikation mit „seinem Stadtwerk verbunden"
ist. Ist diese „Verbundenheit" allerdings auch nur auf einem Feld mit schlechten
Erfahrungen über den „örtlichen Monopolisten" verbunden, dann schlägt der
mögliche komparative Wettbewerbsvorteil leicht in die globale Gegenfrage um:
Wozu braucht man eigentlich Stadtwerke? Der Verkauf von Tafelsilber ist dann
angesagt.

56 Zwischen 1991 bis 1998 ist in der Strombranche jeder vierte Arbeitsplatz abgebaut worden. Vgl. SW Hannover (1999).

57 Vgl. PESAG 2/98 .

58 Ein weiteres häufig vorgebrachtes Argument – die Querfinanzierung von Teilnehmern durch Nichtteilnehmer – ist nicht so stichhaltig: Erstens findet unvermeidlich auch bei zusätzlichen Angebotsinvestitionen (z.B. bei Kraftwerken) eine Umlage- und Querfinanzierung statt, weil nicht nur diejenigen Kunden belastet werden, die effektiv einen höheren Verbrauch verursacht haben. Zweitens kann gerade durch das Design, die Anzahl und die Dauer von LCP-Programmen erreicht werden, daß über einen längeren Zeitraum praktisch alle Kunden in den Genuß des einen oder anderen LCP-Programms kommen können. Nichtteilnehmer wird es daher längerfristig kaum wegen objektiver Hindernisgründe, sondern im Regelfall nur auf freiwilliger Basis geben. Diese Argumente werden in einem Exkurs in Kap. 4.2. näher ausgeführt.

59 Es stellt sich allerdings die Frage, ob und in welcher Form die Preisaufsicht weiter bestehen wird, wenn der sich abzeichnende Wettbewerb um die „Privatkunden" an Breite und Tiefe gewinnt.

60 Bei der Price-Cap-Regulierung wird anhand der aktuellen Kosten- und Erlöslage ein erlaubter Durchschnittspreis pro kWh festgelegt. In den folgenden Jahren wird dieser Maximalpreis nur noch anhand der Inflationsrate und der Produktivitätssteigerung des regulierten Unternehmens fortgeschrieben. Aus der Preisbegrenzung resultiert ein kontraproduktiver Anreiz, Minderabsatz durch Energiesparprogramme zu vermeiden und Mehrabsatz von kWh zu erzielen. Bei der Revenue-Cap-Regulierung wird dagegen eine Obergrenze des erlaubten Erlöses (absolut oder pro Kunde) festgelegt, die analog wie bei der Price-Cap-Regulierung fortgeschrieben wird. Daher gibt diese Art der Regulierung einen Anreiz, den erlaubten Maximalerlös auch mit weniger verkauften kWh zu erzielen, wenn die Kosten des Unternehmens dadurch (z.B. durch EDL) sinken.

61 Unter Bidding versteht man in den USA ein Ausschreibungsverfahren, bei dem ein EVU bei seinem Kunden Energiesparpotentiale oder dezentrale Netzeinspeisung einkauft; das erste Pilotprogramm für ein solches Ausschreibungsverfahren wurde im Rahmen eines SAVE-Projekts von den Stadtwerken Düsseldorf durchgeführt; vgl. Wuppertal Institut et al. (1997).

62 In den USA wird zumeist von „non-bypassable, non-discriminatory wires charge levied on all or all but largest customers" gesprochen. In Kalifornien ist z.B. eine Abgabe in Höhe von 2,5 % der Stromerlöse eingeführt.

63 Das Wuppertal Institut führt zusammen mit europäischen Partnern, drei EVU und Electrolux im Rahmen einer SAVE-Studie Pilotprogramme durch, bei der die Akzeptanz von Kunden getestet werden soll, die statt hocheffiziente Weiße-Ware-Geräte zu kaufen, deren Nutzen (z.B. Kühlen) über eine definierte Vertragsdauer mieten und über die Stromrechung in einer Art Leasingrate bezahlen.

64 Siehe auch Hennicke, P.: Stellungnahme zur Expertenanhörung zum Thema „Energiewirtschaftlicher Ordnungsrahmen" der „Gruppe Energie 2010" am 21.02.1997 in Hannover, Wuppertal 17.02.1997 sowie ders., Stellungnahme zur Anhörung des Ausschusses für Wirtschaft am 02.06.1997 in Bonn, Wuppertal, Mai 1997. Hier handelt es sich um eine überarbeitete Fassung.

65 Es sei erneut betont, daß hier auf den Strommarkt eine Beschränkung stattfinden muß; eine analoge Auseinandersetzung mit der Richtlinie des Europäischen Parlaments und Rates betreffend gemeinsame Vorschriften für den Erdgasbinnenmarkt Gas und mit entsprechend umlagefinanzierten Vorrangaktivitäten steht noch aus.

66 Ein konkrete Gesetzesformulierung könnte lauten: „Die Energiepreisaufsicht trägt Sorge dafür, daß die Gewinne der Unternehmen vom Energieabsatz bzw. der durchgeleiteten Energiemenge entkoppelt werden. Sie gewährt darüber hinaus Anreize für die Umsetzung von Energiesparaktivitäten der Unternehmen, die zu einer Verringerung der volkswirtschaftlichen Gesamtkosten führen."

67 RPT = Rational Planning Techniques wird im EU-Sprachgebrauch gleichbedeutend mit LCP (Least-Cost Planning) oder IRP (Integrierte Ressourcenplanung) benutzt. Die von der EU-Kommission einstimmig verabschiedete und vom Europa-Parlament mehrheitlich unterstützte RPT-Richtlinie scheiterte bisher am Widerstand des EU-Ministerrats.

68 Einzelne fortgeschrittene Konzessions- und Kooperationsverträge von kommunalen EVU (z.B. in Hannover und in Remscheid) und Diskussionen über eine freiwillige Vereinbarung in NRW gehen bereits in diese Richtung; die Stadtwerke Remscheid werden z.B. laut Kooperationsvertrag mit der Stadt ab dem Jahr 1999 jährlich 3 Prozent ihrer Stromerlöse, d.h. immerhin fast 4 Mio. DM p.a., in LCP-Maßnahmen investieren. Entscheidend ist, daß solche Vorreiter-Rollen durch eine allgemeine und verbindliche Regelung im neuen Ordnungsrahmen nicht durch reinen Preiswettbewerb wieder zunichte gemacht werden.

69 Der Aufschlag errechnet sich aus dem Gesamtvolumen der voraussichtlichen Mehrkosten dividiert durch die gesamte Stromabgabe aus dem Netz; ein Ausgleich zwischen den Jahren muß sichergestellt werden. In Langniß et al. 1997 werden differenzierte Einspeisevergütungen vorgestellt.

70 Durch die Einführung einer Energie- bzw. Raumwärmesteuer (wie z.B. in Dänemark) könnte im übrigen generell die Wirtschaftlichkeit von Nah- und Fernwärmesystemen langfristig stabilisiert werden.

71 Diese Bandbreite entspricht einer pragmatischen Abschätzung der vermiedenen Stromerzeugungskosten wie sie z.B. bei der Evaluierung des KeSS-Programms der RWE Energie AG zugrundegelegt wurde. Für die Stadtwerke Hannover ergaben sich höhere vermiedene langfristige Grenzkosten.

72 Zur größeren Anschaulichkeit werden weiter unten Preisaufschläge in Pf/kWh genannt, die in prozentual gleiche Sätze auf Sondervertrags- und Tarifkunden umzurechnen sind, weil die geringeren Preise der Sondervertragskunden durch gleiche Absolutbeträge zu hoch belastet wären.

73 Details wurden von der „Gruppe Energie 2010" vorgelegt (vgl. Altner et al., 1998).

74 Details wurden vorgelegt in: Hennicke; Kohler; Seifried 1998.

75 Dieser optionale Ansatz wird interessanterweise auch in der erwähnten Schrift von Unipede/Eurelectric 1999 dargestellt; allerdings wird dort zu Recht betont, daß er auf Strom- und Gasmärkten analog anzuwenden ist, wobei die jeweiligen Effizienzprogramme auf Strom- bzw. Gaseinsparung zu konzentrieren sind.

76 Eine Zusammenfassung des aktuellen Sachstands vgl. Vortrag von Dr. Leibundgut/Zürich am 26.05.1997 in der AG „Energiedienstleistungen" der Landesinitiative Zukunftsenergien.

# Literatur


Altner, Günter; Dürr, Hans-Peter; Michelsen, Gerd (Gruppe Energie 2010) (1998): Zukünftige Energiepolitik: Phase II, Studie i.A. der Niedersächsischen Energieagentur.

Bierther, W., et al. (1996): Öko-intelligente Produkte, Dienstleistungen und Arbeit, Wuppertal Spezial 2, Wuppertal/Genf/Giebenach.

BMU Hrsg. (1996): Aktualisierte Berechnung der umweltschutzinduzierten Beschäftigung in Deutschland.

Bossel, H../ Krause, F./ Müller-Reißmann, K. F.(1981): Die Energie-Wende: Wachstum und Wohlstand ohne Erdöl und Uran, Frankfurt a.M.

BUND/Misereor, Hrsg. (1997): Zukunftsfähiges Deutschland. Ein Beitrag zu einer global nachhaltgen Entwicklung. Studie des Wuppertal Instituts für Klima, Umwelt, Energie; Basel.

California Public Utility Commission (CPUC) (2/1997), Interim Opinion on Public Purpose Programs, Decision 97-02-014, 5.

Chesshire, John (1997): Electricity: The bridge between energy and sustainable development. A workshop series jointly organised by the Europen Comission's directorate general for energy and Eurelectric.

CEC: Council Directive to introduce rationale planning techniques in the electricity and gas distribution sectors, Brussels 24.03.1997, COM (97) 69 final. Energiewirtschaftliches Institut (1996): Wettbewerbs- und Umweltschutzziele im Marktleitungsgebundener Energien. Kurzgutachten für ein energiepolitisches und -wirtschaftliches Symposium, Köln 20.12.1996.

Enquete-Kommission „Schutz der Menschen und der Umwelt" (Hrsg.) (1993): Verantwortung für die Zukunft. Wege zum nachhaltigen Umgang mit Stoff- und Materialströmen, Bonn.

Enquete-Komission des 12. Deutschen Bundestages „Schutz der Erdatmosphäre" (Hrsg.) (1995): Mehr Zukunft für die Erde: Nachhaltige Energiepolitik für dauerhaften Klimaschutz, Bonn.

Europäisches Parlament (Hrsg.) (1996): Rational Planning Techniques (RPT): A Tool to Enhance Energy Efficiency? Brüssel April 1996.

Forschungsverbund Wuppertal Institut et al. (1998): Öko-effiziente Dienstleistungen als strategischer Wettbewerbsfaktor in einer nachhaltigen Wirtschaft, BMBF-Verbundprojekt, Wuppertal.

Gesetz zur Neuordnung des Energiewirtschaftsrechts, Bundesgesetzblatt Teil I (1998) Nr. 23 28.04.1998. S. 730.

Hennicke, P. (Hrsg.) (1991): Den Wettbewerb im Energiesektor planen, Berlin/Heidelberg/New York.

Hennicke, P. et al., (1985): Die Energiewende ist möglich, Frankfurt.

Hennicke, P. (1996): Wohlstand durch Vermeiden: Über die Notwendigkeit und die Chancen einer „zukunftsfähigen Entwicklung" in Deutschland, in: DAG, Der Betriebsrat, 3/1996.

Hennicke, P. (1997): BMWi-Anhörung am 02.06.1997 zur Novellierung des Energiewirtschaftsgesetzes: Stellungnahme insbesondere zu den Fragen „Umwelt", Wuppertal.

Hennicke, P. / Jochem, E. / Prose, F. et al. (1997): Interdisziplinäre Analyse der Umsetzungschancen einer Energiespar- und Klimaschutzpolitik, Karlsruhe, Kiel, Wuppertal.

Hennicke, Peter; Kohler, Stephan; Seifried, Dieter (1998): Eine Wende in der Energiepolitik ist überfällig, Wuppertal, Hannover, Freiburg.

Hennicke, P. / Richter, N. / Schlegelmilch, K. (1994): Nutzen und Kosten von Energiesparmaßnahmen: Vorschläge für neue Förderinstrumente, Wuppertal.

Hennicke, Peter; Richter, Nikolaus (1998): Energieeffizienz und die Ökonomie des Vermeidens: Methodik, Potentiale, Beschäftigungseffekte, in: Bosch, Gerhard: Zukunft der Erwerbsarbeit, Frankfurt a.M.

Hennicke, Peter; Schuler, Hartmut; Weizsäcker, Ernst U. von (Hrsg.) (1997): Effizienz gewinnt, Birkhäuser-Verlag, Basel, Berlin, Boston

Hennicke, Peter; Seifried, Dieter (1996): Das Einsparkraftwerk: Eingesparte Energie neu nutzen, Birkhäuser Verlag, Berlin, Basel, Boston

Hensing, I./ Pfaffenberger, W./Ströbele, W. (1998): Energiewirtschaft, München/ Wien.

Herppich, W. et al. (1989): Least-Cost Planning, in den USA, München.

Hinterberger, F./ Luks, F./ Stewen, M. (1996): Ökologische Wirtschaftspolitik: Zwischen Ökodiktatur und Umweltkatastrophe, Basel.

Hinterberger, F. (1996): Ökonomie der Stoffströme: Ein neues Forschungsprogramm, Wuppertal.

Hohmeyer, O. (1991): Impacts of External Costs on the Competitive Position of Wind Energy in the FRG, in: Hohmeyer, O./ Ottinger, R.L. (Eds.): External Environmetal Costs of Electric Power, Berlin, Heidelberg, New York, Tokyo.

Hohmeyer, O., Gärtner, M. (1992): The costs of climate change, Fraunhofer Institut für Systemtechnik und Innovationsforschung, Karlsruhe.

IPCC, (1995)a/b, Intergovernmental Panel on Climate Change: Economic and Social Dimensions of Climate Change, Summary for Policymakers, Intergovernmental Panel on Climate Change Working Group III, Second Assessment (Genf: IPCC Secretariat, WMO, Oktober). (B19,27, V).

Krause, Florentin et al. (1995): Negawatt Power – The Cost and Potential of Eletrical Efficiency in Western Europe, Executive Summary, in: Energy Policy in the Greenhouse, Volume Two, Part 3b, El Cerrito.

Lancaster, K. (1991): Moderne Mikro-Ökonomie, Frankfurt.

Langniß et al. (1997):Vorschlag für zur beschleunigten Markteinführung regenerativer Energien bis 2010, Stuttgart

Leprich (1994): Least-Cost Planning als Regulierungskonzept – Neue ökonomische Strategien zur rationellen Verwendung elektrischer Energie, Freiburg.

Löbbe, S./ Kalny, G. (1997): Achtung der Kunde kommt: Herausforderungen für die Elektrizitätsversorgungsunternehmen im liberalisierten Markt, in: VIK-Mitteilungen 2/1997.

Lovins, Amory B., (1977): Soft Energy Paths: Toward a Durable Peace (New York/ Hagerstown/San Francisco/London: Harper Colophon). (B33, G).

Lovins, Amory (1996): Hypercars – the next industrial revolution, Snowmass, Colorado 1996.

Lovins, Amory; Hennicke, Peter (1999): Voller Energie, Campus Verlag, Frankfurt a.M.

Meixner, H. (1996): Offene Fragen und Probleme im Konzept des Öko-Instituts zur umweltverträglichen Neuordnung des Energiewirtschaft, Hessen-Energie, Wiesbaden Mai 1996.

Müller, Michael; Hennicke, Peter (1994): Wohlstand durch Vermeiden, Wissenschaftliche Buchgesellschaft, Darmstadt.

Müller, Werner (1999): Grußwort zum Workshop der KfW „Energie-Contracting", 16.6.99 in Frankfurt.

MWMTV [Ministerium für Wirtschaft und Mittelstand, Technologie und Verkehr] des Landes NRW (Hrsg.) (1998): Evaluation der „Aktion Helles NRW", Studie erstellt von Wuppertal Institut, ASEW, Forgungsgesellschaft für umweltschonende Energieumwandlung und -nutzung GmbH, Düsseldorf.

Noergard, J.(6/1998): Models of Energy Saving Systems – the Battelefield of Environmental Planning, Lyngby.

Nitsch, J.; Luther, J.; Langniß, O.; Wiemkem, E. (1997): Strategien für eine nachhaltige Energieversorgung: Ein solares Langfristszenario für Deutschland, DLR Stuttgart, Fraunhofer ISE Freiburg.

OECD(1998): Eco-Efficiency, Paris.

Öko-Institut/Wuppertal Institut (1995): „Least-Cost Planning Fallstudie Hannover der Stadtwerke Hannover AG"; Öko-Institut e. V., Wuppertal Institut für Klima, Umwelt, Energie GmbH, Gutachten im Auftrag der Stadtwerke Hannover AG, Freiburg/Darmstadt/Berlin/Wuppertal.

Öko-Institut (1992): Konzept für die Durchführung und Förderung von Stromsparprogrammen durch EVU und den Least-Cost Planning in Hessen am Beispiel der Städtischen Werke Kassel, Peter Hennicke u.a., Endbericht Freiburg.

Pigou, A.C. (1994): Socialism versus capitalism, London.

Power Economics Okt. 1998, Volume 2 Issue 8.

Renner, A./ Hinterberger, F. (Hrsg.) (1998): Zukunftsfähigkeit und Ordoliberalismus, Baden-Baden.

Samuelson, P.E. et al. (1998): Microeconomics, 16. ed., Boston.

Scherhorn, G. et al. (1996): Informationen über Wohlstandskosten; Erster Arbeitsbericht aus dem Forschungsprojekt „Wohlstandskosten und verantwortliches Handeln", einem Projekt im Forschungsschwerpunkt „Mensch und globale Umweltveränderungen" der Deutschen Forschungsgemeinschaft, Stuttgart im Januar 1996, Uni Hohenheim Arbeitspapier 66.

Schiffer, Dr. Hans-W. (1997): Energiemarkt Deutschland, Verlag TÜV Rheinland.

Schmidt, A. (1997): Produktverantwortung und Energierecht, Diskussionspapier der Abteilung Energie des Wuppertal-Instituts, Wuppertal.

Schmidt-Bleek, F.(1994): Wieviel Umwelt braucht der Mensch – MIPS – Das Maß für ökologisches Wirtschaften, Berlin/Basel/Boston.

Schmidt-Bleek, F. et al. (1997): Ökointelligentes Produzieren und Konsumieren, Berlin/ Basel/Boston.

Seifried, Dieter; Hennicke, Peter (1994): Endbericht „Least-Cost Planning" im Auftrag der Gruppe 2010, Öko-Institut Freiburg, Wuppertal Institut für Klima, Umwelt und Energie.

Stadtwerke Hannover (Hrsg.) (1995): Integrierte Ressourcenplanung, Die LCP-Fallstudie der Stadtwerke Hannover, Gutachten erstellt von Öko-Institut und Wuppertal Institut, Hannover.

Stadtwerke Hannover (Hrsg.) (1999): Energie & Business Sommer 99.

UBA [Umweltbundesamt] (Hrsg.) (1993): Beschäftigungswirkungen des Umweltschutzes: Abschätzung und Prognose bis 2000, Einzelanalysen, TEXTE 42/93 des Umweltbundesamtes, Berlin.

UN/DESA; Nepco, Jordan (Hrsg.) (1998): UN Sustainable Energy in the Arab States, Project RAB 96/005, IRP/DSM Seminar, 2-8 March 1998 in Amman, Jordan, Vol I+II.

United Nations Development Programme UNDP (ed.) (1997): Energy after Rio: Prospects and challenges, by. A. K. N. Reddy, R. H. Williams and T. B. Johansson, New York.

Unipede/Eurelectric (1999): Compatibility of energy efficiency and competition, Brussels.

US-Department of Energy (1997): IPMVP International Measurement and Verification Protocol.

VDEW (1997): Dienstleistungen und DSM-Projekte der deutschen Stromversorger: Ergebnisse der VDEW-Umfragen 1995/1996, Frankfurt a.M.

Weizsäcker, Ernst. U. von; Lovins, Amory B.; Lovins, L. Hunter (1997): Faktor Vier – Doppelter Wohlstand – halbierter Ressourcenverbrauch, Der neue Bericht an den Club of Rome, Taschenbuchausgabe, Droemer Knaur: München.

Weller, T. (1998):Green Pricing: Kundenorientierte Angebote der Elektrizitätswirtschaft, in: ZfE, 1/1998.

Wolff, H. (Prognos AG) (1993): Techniken zur Vermeidung, Verwertung und alternativen Entsorgung von Rückständen am Beispiel der Chlorchemie, Berlin.

World Energy Council (WEC): International Institute for Applied Systems Analysis (IIASA) (1995): Global Energy Perspectives to 2050 and Beyond, Report, WEC London/IIASA Laxenburg.

World Energy Council (WEC): International Institute for Applied Systems Analysis (IIASA) (1998): Global Energy Perspectives, University Press, Cambridge.

Wuppertal Institut et al. (1998): InterSEE, Interdisciplinary Analysis of Successful Implementation of Energy Efficiency in the industrial, commercial and service sector, Wuppertal März 1998.

Wuppertal Institut et al. (1999): IRP in a Changing Market, A study under the SAVE Programme, Project intermediate Report, Wuppertal.

Wuppertal Institut et al. (2000): Project on active energy services, Brüssel.

Wuppertal Institut/ISI (Fraunhofer Institut für Systemtechnik und Innovationsforschung) (1997): Entwicklung und Bewertung ökologierelevanter Handlungsfelder der Stadtwerke Düsseldorf.

ZfK Zeitung für Kommunale Wirtschaft (1984): Haushalten heißt das gemeinsame Ziel; 5/84, S. 19.